U0344851

水库溢洪道水工模型及库区泥沙淤积模型 试验研究

邸国平 刘秀英 著

中国建筑工业出版社

图书在版编目(CIP)数据

水库溢洪道水工模型及库区泥沙淤积模型试验研究/邸国平,
刘秀英著. —北京:中国建筑工业出版社,2012.5
　ISBN 978-7-112-14270-5

　Ⅰ.①水… Ⅱ.①邸… ②刘… Ⅲ.①水库-溢洪道-水工模型
实验-研究②水库泥沙-异重流-水工模型试验-研究　Ⅳ.①TV651
②TV145

中国版本图书馆 CIP 数据核字(2012)第 081239 号

本书首次将随机游动理论应用于库区泥沙运动规律、泥沙沉降特性分析,为库区泥
沙淤积计算提供了理论基础;结合多沙河流特点将局部三维水沙数学模型应用到坝前
冲刷漏斗计算;将非恒定非饱和异重流输沙模型应用到库区水沙运动规律和异重流排
沙计算。

本书旨在理论和实践两方面为水利科研和工程技术人员提供参考依据。

＊　　　＊　　　＊

责任编辑:辛海丽
责任设计:叶延春
责任校对:刘梦然　赵　颖

水库溢洪道水工模型及库区泥沙淤积模型试验研究
邸国平　刘秀英　著

＊

中国建筑工业出版社出版、发行(北京西郊百万庄)
各地新华书店、建筑书店经销
北京科地亚盟排版公司制版
北京建筑工业印刷厂印刷

＊

开本:787×1092 毫米　1/16　印张:10　字数:242 千字
2012 年 5 月第一版　　2012 年 5 月第一次印刷
定价:**30.00**元
ISBN 978-7-112-14270-5
(22342)

版权所有　翻印必究
如有印装质量问题,可寄本社退换
(邮政编码　100037)

前　言

随着我国水利水电建设事业的蓬勃发展，流体力学在各项生产实践和试验技术的带动下，取得了显著的成绩，模型试验在水工水力学问题的研究上发挥了更大的作用。

水流运动是一项很复杂的运动过程，按照相似准则利用缩尺模型研究泄水建筑物水力学问题为主要对象的水工模型试验，能重演和预演复杂的水流运动现象，尤其随着计算机技术的日益成熟与发展，数学模型替代了物理模型在某些方面的局限性，其费用低、速度快、应用灵活方便的优势得到了迅猛的发展，并在研究和解决大量的生产实际问题中发挥着越来越重要的作用。

本书作者多年从事水工模型的应用研究工作，在写作过程中得到了许多老前辈及同事们的帮助与鼓励，并提出了许多宝贵的意见及建议，在此表示深深的敬意和衷心的感谢。

本书第一章、第二章、第三章及第六章第二节由山西省水利水电科学研究院邸国平撰写，第四章、第五章及第六章第一节由太原科技大学刘秀英撰写。

由于作者水平有限，书中错误在所难免，敬请批评指正。

2012 年 3 月

目　录

第一章　工　程　概　述

第一节　工程总体布置情况

一、枢纽工程总布置

张峰水库位于山西省晋城市沁水县郑庄镇张峰村沁河干流上，距晋城市城区 90km。由枢纽工程与输水工程两部分组成。张峰水库为多年调节水库，库容 3.94 亿 m³。水库正常蓄水位 759m，防洪限制水位 756.5m，防洪高水位 759.78m，设计洪水位 760.8m，校核洪水位 762.63m，死水位 728.2m。

枢纽工程等别为 Ⅱ 等。主要建筑物拦河坝、导流泄洪洞、溢洪道及供水发电洞进水口等建筑物级别为 2 级，供水发电洞、渠首电站、渠首输水泵站及次要建筑物级别为 3 级。

枢纽工程主要建筑物的设计洪水标准为 100 年一遇，校核洪水标准为 2000 年一遇。枢纽工程区地震动峰值加速度为 0.1g，地震设防烈度为 7 度。

张峰水库溢洪道布置于水库左岸单薄山梁中段，导流泄洪洞左侧，与导流泄洪洞轴线基本平行，二者相距 115m。溢洪道总长 366m。

溢洪道由引渠段、闸室段、泄槽段、挑流段组成。

桩号溢 0−207.0～溢 0+000.0 为引渠段。

引渠段长 207m，平底，渠底高程 747.2m。桩号溢 0−207.0～溢 0+053.0 为喇叭口段，底宽 137.5～55.5m，底高程 747.2m。桩号溢 0−035.0～溢 0+000.0 段为直线段，底板左半部分基础为土层，为防止不均匀沉陷，挖除底板下约 50cm 土层，再用浆砌石回填至原高程。

桩号溢 0+000.0～0+034.0 为闸室段。

闸室段长 34m。闸室采用分离式结构。进口为无底坎宽顶堰。闸孔净宽 4m×12m，堰顶高程 747.20m。堰上设 4 扇 12m×14.0m（宽×高）弧形工作门，检修叠梁门布置于弧形闸门上游侧。在闸墩顶部桩号溢 0+024.0 处设交通桥连接两岸公路，交通桥结合溢洪道闸室布置，共设 4 孔，每孔净跨 12.0m。桥面高程 769.0m，桥宽 8.0m，全长 58.5m，为装配式钢筋混凝土结构。

桩号溢 0+034.0～溢 0+141.0 为泄槽段。

泄槽段长 107m，由抛物线连接段、陡坡段组成。泄槽净宽 55.5m，陡坡段底坡 1/2.5，下游接挑流鼻坎。

桩号溢 0+141.0～溢 0+159.0 为挑流段。

挑流段长 18m。挑流鼻坎边墙迎水面和底板迎水面采用 C35 抗冲磨混凝土厚度分别为

350mm、200mm，其余部分均为 C20 混凝土。

二、工程地质条件

桩号溢 0－207.0～0＋000.0 为引渠段。

左边墙基础均位于 Q_4^{pl} 低液限黏土层中，土层厚度 8～47m，开挖基础底面以下土层厚度 15～25m，以上土层厚度 2～38m。下伏基岩面高程 723～756m。

轴线部位在桩号 0－165.0 以前和 0－147.0～0－73.2 段地基为 Q_4^{pl} 低液限黏土层，厚 6～16.5m。基础底面以上开挖厚度 3～16m，以下厚度 2～8m。桩号 0－165.0～0－147.0 和 0－73.2～0＋000 段地基为 T11-3～T11-5 岩组细砂岩、粉砂岩夹砾岩、泥岩，基岩面高程 710～770m。

右边墙基础在桩号溢 0－207.0 以前段位于 Q_4^{pl} 低液限黏土层中，厚度 0～10m，基岩面高程 741.8～748m，基础底面以下土层厚度 0～6.2m，以上土层厚度 0～5.9m；在桩号溢 0－207.0～0＋000 段边墙位于 T11-4、5 岩组砂岩及泥岩层中，基岩高度 10～33.5m，上部土层厚度 2～9.8m。右边墙高岩质开挖边坡，受节理裂隙节割作用，易产生小坍塌或掉块。

桩号溢 0＋000.0～0＋034.0 为闸室段，基岩面高程 756.1～782.0m，自右边墙向左边墙方向基岩面逐渐降低，强风化层厚度 1～3m。上覆 Q_4^{pl} 浅红色低液限黏土，厚度 9～33m。基础置于 T11-5 岩组上。

开挖边坡有土质和岩质两种边坡：土质边坡为 Q_4^{pl} 低液限黏土，高度 9～33m；岩质边坡为 T11-5～T11-7 岩组细粒长石砂岩、粉砂岩夹薄层砾岩、泥岩，基础底面以上开挖厚度 8.1～34m。岩质边坡强风化带岩体破碎，易产生小坍塌。

闸室地基为 T11-4、5 岩组，以细砂岩、粉砂岩为主，处于弱风化状态，岩性较坚硬，呈互层状或薄层状结构，存在软弱结构面及楔体。

T11-4 岩组顶底部存在四层软弱岩层及泥化夹层：泥化夹层产状与岩层产状一致，遇水软化或风化，对溢洪道地基稳定条件不利。

桩号溢 0＋034.0～0＋141.0 为泄槽段，大部分地段基岩裸露，地层岩性为 T11-3～T11-7 岩组棕褐黄色细粒长石砂岩夹薄层泥岩和砾岩，山脊部位分布有 Q_4^{pl} 浅红色低液限黏土，土层厚 0～9.3m，地面高程 720～782m。

泄槽段右边墙为岩质边坡，高度 14.3～30.5m；左边墙边坡高度 18～30m，上部覆有土层厚度 1～9.3m。土层级别为 Ⅲ 级，基岩为 Ⅸ 级。

泄槽段岩质边坡中发育有泥岩类软弱岩层，泄槽开挖后，泥化夹层遇水软化或风化，在节理裂隙相互切割作用下，具备顺层滑移的条件，易产生小型坍塌或掉块现象。

桩号溢 0＋141.0～0＋159.0 为挑流段，基础座于 T11-3 岩组细粒长石砂岩之上，其左、右边墙为 T11-3～T11-4 岩组细粒长石砂岩、粉砂岩夹薄层砾岩、泥岩。岩层倾向下游沁河方向。岩体受节理裂隙切割呈块状，对抗滑稳定不利。

下游平台段为岩质岸坡，地层岩性为 T11-3 岩组细粒长石砂岩，岩性较坚硬，抗冲刷条件较好。开挖时岩质边坡易产生掉块、局部坍塌。

第二节　项目立项背景研究目的及意义

一、立项背景

人类出于兴利除害需要，越来越频繁地在大大小小的河流上修建水库。这些水库的建成，使来自上游的泥沙纷纷落淤，造成库容损失、回水上延和泥沙过机等一系列问题。其库区泥沙冲淤变形状况直接影响到水库的寿命甚至威胁到大坝的安全，也同时影响到水库能否充分发挥预期综合利用效益。也正因为如此，水库泥沙问题一直引起广泛的关注。目前在水库的规划设计中，通常采用物理模型试验的方法来预演水库修建后泥沙淤积及回水上延的发展过程，为设计提供优化的水库运行方案。进行物理模型试验，成本高、周期长，不便于多方案对比优化，且有些问题物理模型试验很难模拟。数学模型作为研究水库泥沙冲淤变形过程和解决有关问题的工具，日益受到重视。所以开展水库泥沙数值模拟方法的研究无论在理论上还是在工程实践上都是十分必要的。

张峰水库是拟建于黄河三门峡至花园口区间三大支流之一的沁河上的一座水利枢纽（图 1-1）。距山西省晋城市城区 90km。工程的建设任务是以城市生活和工业供水、农村饮水为主，兼顾防洪、发电等综合利用。为满足张峰水库初设阶段的设计要求，预测水库的淤积形态及排沙情况，适应当前及今后工程建设需要，山西省水利科学研究所和武汉大学以张峰水库淤积为背景，开展了水库库区泥沙淤积数学模型及应用的专项研究工作。

二、立项背景

水库泥沙数学模型已有较长的历史，早在 20 世纪 50 年代初，发达国家就已运用在基本方程和计算方法做了很大简化的一维泥沙数学模型，对大型水库的淤积进行了模拟计算。20 世纪 50 年代后期，针对黄河三门峡水库的修建，先后采用前苏联列维和罗辛斯基的计算方法开展了水库及其下游河道的冲淤计算。因这类方法相当于平衡输沙的数学模型，水库淤积计算时又没有考虑泥沙淤积向上游的延伸，所以未能预估出水库实际运用后出现的严重淤积和迅速向上游淤积延伸，其下游河道的冲刷深度和速率也远较实际为小。1972 年韩其为利用非平衡输沙方程开发了一维三峡数学模型。近二十多年随着泥沙运动理论的发展和计算手段的提高，使数学模型逐渐成为水库淤积和排沙研究中不可缺少的工具。

在天然情况下，水沙运动为非恒定过程。非恒定过程所导致的不平衡输沙使得水沙体系的超饱和，饱和与恢复饱和的过程十分复杂，人们一直在寻求逼近这一实际过程的更为精确的模拟方法，在这一方面，学者们的工作各有其特点。有的试图从水沙运动机理方面深入探讨，有的试图改进模型的计算方法，但由于水流泥沙相互作用的复杂性，一维非恒定模型至今仍有许多没有解决的问题，还远未发展完善。比如模型方程中的许多参数及水沙运动基本公式都是在恒定流模型基础上建立起来的，非恒定流模型在运用这些参数及公式时，由于缺乏理论上的深入研究，无法建立统一的，与非恒定情况相符的相应参数及公

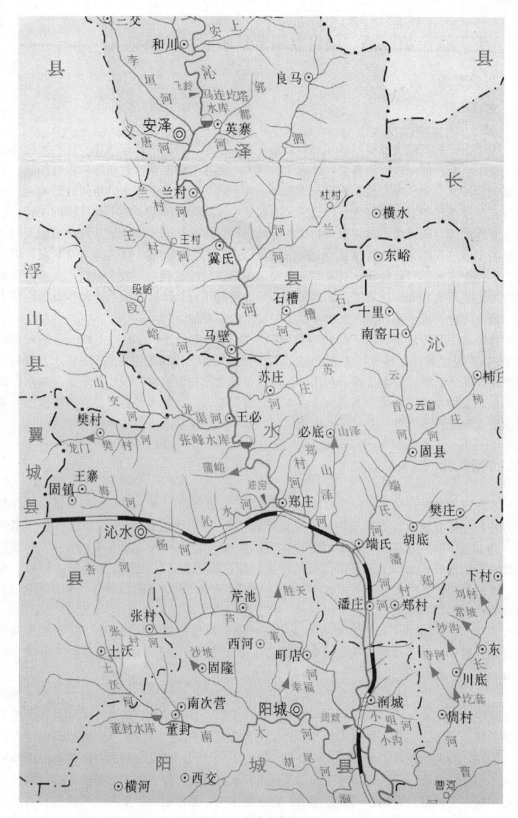

图 1-1　张峰水库布置图

式，研究者往往只能根据所研究的具体问题进行选择和确定，使得多种模型同时并存，这也给非恒定模型的运用带来了一定困难。所以从工程角度来说，更有必要对库区泥沙淤积的非恒定非饱和输沙模型进行研究。

在有泥沙输移的河道上修建水库或取水工程，会在泄水或取水建筑物孔口前，特别是深水底孔前，形成局部冲刷坑，形似漏斗，称为冲刷漏斗。坝前局部冲刷漏斗形态，是多沙河流上修建的水库设计的主要参数之一，对于水库冲刷漏斗形态的研究，多通过模型试验来完成，国外由于多沙河流较少，对这方面的研究较少。国内早期研究的有丁联臻、徐国宾和白世录，近年的有熊绍隆、金腊华的试验研究。在数值模拟方面曹志先等用立面二维数学模型计算了坝前冲刷漏斗。而天然河道内水流一般是三维紊流形态，只有通过求解三维紊流模型才能正确地模拟其水流运动。水库坝前冲刷漏斗形态、大小及相应的水、沙流动特性直接关系到泄水建筑物的正常运行乃至整个枢纽工程的寿命。故迫切需要对坝前冲沙漏斗三维水沙模型计算开展研究。

张峰水库属于北方多沙河流河道型水库，异重流挟带大量泥沙潜入水库底层运动，当异重流运行到坝前时，若不能及时打开排沙孔，则大量泥沙将淤积在水库中，减少了水库有效库容，若能及时打开排沙底孔，则可以提高排沙效率，减少泥沙淤积，充分发挥水库发电、供水、防洪等综合效益。例如陕西黑松林水库共进行了 7 次的异重流排沙观测，进沙 93.39 万 t，排沙 58.37 万 t，平均排沙效率 61.2%，最高达 91.4%。可以看出研究异重流运动特性、掌握异重流运动规律、优化水库调度，可以提高排沙效率减少水库泥沙淤积，延长水库使用寿命，提高水库的发电、供水、防洪等综合效益。因此以张峰水库淤积为背景，采用非恒定非饱和输沙模型进行水库泥沙淤积计算、分析异重流特性及排沙效率的研究非常必要，不仅具有理论意义，而且具有经济和社会效益。用三维水沙模型计算坝前冲沙漏斗对水库的调水、调沙具有重要的实际意义。

由于国外多沙河流较少，国外对水库泥沙淤积、特别是异重流淤积、排沙特性研究较少，目前国内研究成果处于国际领先行列。

第二章 溢洪道水工物理模型相似定律

第一节 相似性力学

近代流体力学的基础是理论分析和实验观测相结合。对复杂的水流运动现象，由于种种原因尚无法用数学描述和预见，而工程技术人员需要得到可靠的实际成果时，必须考虑实验数据。

模拟制造的工程、结构或机械称为模型，该原工程、结构或机械称为原型。模型一般小于原型，亦可等于或大于原型。依据相似性力学原理及原型条件设计、制造模型和进行模型试验。水工模型定律即水力相似性原理的应用范围可分为两方面：①借水工模型试验分析研究水工建筑物或水力机械的设计问题、施工方法以及检验实际运行情况等；②流体运动现象的基本理论研究。

水力相似性根据力学原理课分为以下三种。

一、几何相似性

几何相似指模型与原型几何形状和边界条件的相似，即模型与原型间相应长度的比例 L_r 为一定值。根据定义得

$$\frac{L_p}{L_m} = L_r \tag{2-1}$$

相应的面积比例 A_r 及体积比例 V_r 为

$$\frac{A_p}{A_m} = A_r = L_r^2 \tag{2-2}$$

$$\frac{V_p}{V_m} = V_r = L_r^3 \tag{2-3}$$

式中 L、A 及 V——长度、面积及体积；

p、m 及 r——原型、模型及比例。

模型比例 L_r 的倒数 $1/L_r$ 习惯上称为模型缩尺。

在水工模型制造中必须遵守的基本法则：尽可能在工艺上保持一定的集合相似性。由于某一方面无法达到完全相似而导致水流运动的某种程度的变态必须心中有数，以免发生未能预知的误差。

二、运动相似性

运动相似模型与原型中水流质点运动的流线几何相似，这要求原型与模型间流速比例

v_r 为一定值。故运动相似的必要条件为

$$\frac{v_p}{v_m} = v_r = \frac{L_r}{T_r} = L_r T_r^{-1} \tag{2-4}$$

$$\frac{a_p}{a_m} = a_r = \frac{v_r}{T_r} = L_r T_r^{-2} \tag{2-5}$$

$$\frac{Q_p}{Q_m} = \frac{L_p^3 T_p^{-1}}{L_m^3 T_m^{-1}} L_r^3 T_r^{-1} \tag{2-6}$$

式中 T、v、a 及 Q——时间、流速、加速度及流量。

三、动力相似性

动力相似指模型与原型水流中相应点作用力的相似性。例如流过弧形闸门的水流，为达到模型与原型的几何相似，选用模型长度比例为 $(L_1)_r = (L_2)_r = (L_3)_r = L_r$，同时保持运动相似 $(v_a)_r = (v_b)_r = v_r$。

设于水流中 C 点有三种作用力，根据其向量图形的相似性及牛顿第二定律 $(F=Ma)$，可得

$$\frac{(F_1)_p}{(F_1)_m} = \frac{(F_2)_p}{(F_2)_m} = \frac{(F_3)_p}{(F_3)_m} = \frac{M_p (a_c)_p}{M_m (a_c)_m} = F_r \tag{2-7}$$

即为了达到动力相似，沿流路所有相应点的 F_r 比例必须保持一定。从向量图可明显看出

$$F_1 \mapsto F_2 \mapsto F_3 = \frac{Ma_c}{g_c} \tag{2-8}$$

式中 $\mapsto$——向量加法；

M——质量；

a_c——加速度；

g_c——比例常数（尺度为 $M \cdot L/F \cdot T^2$，即 $kg \cdot m/N \cdot s^2$）。从式 (2-8) 亦可得

$$F_r = \frac{(F_1)_p \mapsto (F_2)_p \mapsto (F_3)_p}{(F_1)_m \mapsto (F_2)_m \mapsto (F_3)_m} = \frac{M_p (a_c)_p}{M_m (a_c)_m} \tag{2-9}$$

第二节 流体作用力与特别模型定律

使流体发生运动的常见作用力可有以下 8 种，其尺度表示如下：

(1) 惯性力 $F_i =$ 质量 × 加速度 $= (\rho L^3)(L/T^2) = \rho L^2 v^2$

(2) 重力 $F_g =$ 质量 × 重力加速度 $= (\rho L^3)g = \gamma L^3$

(3) 黏滞力 F_μ 黏滞剪切应力 × 剪切面积 $= \tau L^2 = \mu \left(\dfrac{dv}{dz}\right)L^2 = \mu \, (v/L) \, L^2 = \mu L v$

(4) 压力 $F_p =$ 压强 × 面积 $= pL^2$

(5) 弹性力 $F_E =$ 弹性模量 × 面积 $= EL^2$

(6) 表面张力 $F_\sigma =$ 表面张力强度 × 长度 $= \sigma L$

(7) 离心力 $F_\omega =$ 质量 × 加速度 $= (\rho L^3)(L/T^2) = \rho L^4 \omega^2$

(8) 振动力　F_f＝质量×加速度＝$(\rho L^3)(L/T^2)=\rho L^4 f^2$

以上各式中　γ——密度；

　　　　　　ω——角速度；

　　　　　　f——振动频率。

如果上述 8 种作用力都作用在某一流体单元上，则模型与原型的完全动力相似要求

$$F_r = (F_i \mapsto F_g \mapsto F_u \mapsto F_p \mapsto F_E \mapsto F_\delta \mapsto F_\omega \mapsto F_f)_r = (Ma)_r \tag{2-10}$$

同时，完全的动力相似性尚须符合

$$(F_i)_r = (F_g)_r = (F_u)_r = (F_p)_r = (F_E)_r = (F_\delta)_r = (F_\omega)_r = (F_f)_r = (Ma)_r$$
$$\tag{2-11}$$

式 (2-10) 及式 (2-11) 为流体运动的完全动力相似必要条件，但模型流体则无法选择出使其不同作用力同时与原型流体相似（$L_r=1$ 除外）。

实际上，很多实际工程问题中，流体运动中的某些作用力常不发生作用或影响甚微，故可仅仅考虑惯性力及某一种主要作用力以满足式 (2-10) 或式 (2-11) 的比例关系，得出原型与模型间各量的相似定律，即特别模型定律。

惯性力比例可写成 $(Ma)_r = \rho_r L_r^4 T_r^{-2}$，当模型与原型流体选定后，$\rho_r$ 为常数，故惯性力比例可写成长度和时间比例的函数

$$(Ma)_r = \varphi_1(L_r, T_r) \tag{2-12}$$

$$F_r = \varphi_2(L_r, T_r) \tag{2-13}$$

动力相似的必要条件，按式 (2-10) 及式 (2-11)，原型与模型间惯性力的比例必须与所考虑的主要作用力的比例相等

$$\varphi_1(L_r, T_r) = \varphi_2(L_r, T_r)$$

故得　　　　　　　　　　$T_r = \varphi(L_r)$　　　　　　　　　　　　　(2-14)

对于所考虑的主要作用力，式 (2-14) 即为该种作用力的动力相似特别模型定律。

应用特别模型定律时一般先决定 L_r，其次由特别模型定律的关系式算出 T_r，根据 L_r 和 T_r 即可推演出动力相似的其他各量的比例关系。

如果作用于流体运动系统中的力需要同时考虑两种作用力 F_1 及 F_2，则根据模型与原型动力相似的必要条件得

$$(Ma)_r = (F_1)_r = (F_2)_r$$

而　　　　　　　　　　$(Ma)_r = \varphi_1(L_r, T_r)$　　　　　　　　　　(2-15)

$$(F_1)_r = \varphi_2(L_r, T_r) \tag{2-16}$$

$$(F_2)_r = \varphi_3(L_r, T_r) \tag{2-17}$$

式 (2-15)、式 (2-16)、及式 (2-17)，3 个方程式含有 3 个变数 $(Ma)_r$、L_r 及 T_r，其间只有一组解答存在，故原型与模型间的比例关系均因流体的选定而随之确定，没有任何其他模型比例选择的可能。

第三节　重力相似定律

今考虑原型与模型促成运动的主要作用力为重力，将次要影响力略去不计，则重力比例为

$$(F_g)_r = r_p L_P^3 / r_m L_m^3 = r_r L_r^3 \qquad (2\text{-}18)$$

按原理与模型动力相似的必要条件，惯性力比例与作用力比例相等，即 $\rho_r L_r^4 T_r^{-2} = r_r L_r^3$ 或 $\rho_r L_r^4 T_r^{-2} r_r^{-1} = 1$，故得重力相似定律

时间比例 $\qquad\qquad\qquad T_r = (L_r / g_r)^{1/2} \qquad (2\text{-}19)$

流速比例 $\qquad\qquad\qquad v_r = (g_r L_r)^{1/2} \qquad (2\text{-}20)$

由于 $g_r = 1$，以上两式可写成

$$T_r = L_r^{1/2} \qquad (2\text{-}21)$$

$$v_r = L_r^{1/2} \qquad (2\text{-}22)$$

其他各量的模型比例，皆可从式（2-21）及式（2-22）推导得出

流量比例 $\qquad Q_r = A_r v_r = L_r^2 L_r^{1/2} = L_r^{5/2} \qquad (2\text{-}23)$

力的比例 $\qquad Fr = \rho_r L_r^4 T_r^{-2} = \rho_r L_r^4 T_r^{-1} = \rho_r L_r^3 \qquad (2\text{-}24)$

若 $\rho_r = 1$，则 $\qquad\qquad\qquad Fr = L_r^3 \qquad (2\text{-}25)$

从式（2-20）的 v_r 的比例关系可得

$$v_r / \sqrt{g_r L_r} = (Fr)_r = 1 \qquad (2\text{-}26)$$

式中　Fr——表示水流重力特性的参数（弗汝德数），考虑重力为主要作用力而设计模型时，其相似条件即原型与模型的弗汝德数 Fr 必须相等。

实际上，水流由于重力作用发生流动的同时，边界面对流体产生阻力作用。设 τ_0 为单位边界面对水流的剪力，P 为湿周长，l 为流路长度，则对水流发生作用的阻力为

$$F_\sigma = \tau_0 p l \qquad (2\text{-}27)$$

因为 $\tau_0 = rRS = pgRS$，故

$$(F_g)_r = (\rho g R S p l)_r = \rho_r g_r L_r^3 S_r \qquad (2\text{-}28)$$

根据 $\qquad\qquad (Ma / F_g)_r = \rho_r L_r^2 v_r^2 / \rho_r g_r L_r^3 S_r = v_r^2 / g_r L_r S_r = 1$

故得

$$(Fr) S_r^{-1/2} = 1 \qquad (2\text{-}29)$$

式中　R——水力半径；

　　　S——水力坡降。

上式指明，按弗汝德模型定律设计的模型，为获得阻力相似，应使原型与模型水力坡度一致。

对于阻力平方区的紊流，水力坡降 S 如按谢才公式计算，可得

$$S_r = (v^2 / C^2 R)_r = 1 \qquad (2\text{-}30)$$

或 $\qquad\qquad\qquad\qquad C_r = 1 \qquad (2\text{-}31)$

式中 C 即谢才公式中的谢才系数，从 $C = \sqrt{8g/\lambda}$，可得阻力系数 λ 的模型比例

$$\lambda_r = 1 \qquad (2\text{-}32)$$

而 $\lambda = f(\Delta / R)$，故得

$$(\Delta / R)_r = 1 \qquad (2\text{-}33)$$

式中　Δ——粗糙率凸起高度；

　　　Δ / R——相对粗糙率。

式（2-33）表明，按重力相似定律设计模型时，要求渠道的相对粗糙率必须相等。

如根据曼宁公式
$$v = \frac{1}{n} R^{2/3} S^{1/2}$$

得

$$v_r = \left(\frac{1}{n} R^{2/3} S^{1/2} \right)_r = L_r^{2/3} n_r^{-1} \tag{2-34}$$

故得渠道粗糙率系数 n 的模型比例

$$n_r = L_r^{1/6} \tag{2-35}$$

从上述原理可知，按弗汝德模型定律设计模型，为符合原型与模型间的阻力相似，使水力坡降一致，必须使原型和模型间包括粗糙率在内的边界条件完全相似。

但实际缩制模型时，技术上不易解决粗糙率的缩制问题，故很难达成原型和模型间的完全动力相似。所幸，对具有自由表面的紊流。重力作用远较其他作用力显著。故一般水工建筑物模型中，如比例适当，边界面的粗糙率即使不能达到式（2-35）的要求，在尽可能做到平整光滑的条件下，模型中所测得的结果仍可使用。由于粗糙率不相似而产生的缩尺影响，可设法进行校正，包括必要时进行不同比例的模型试验。

由于受重力作用具有自由液面流动现象在水力学中占主要位置，故水工模型试验中，弗汝德模型定律的应用范围远较其他模型定律为广。

第四节　黏滞力相似定律

设有两相邻薄层流体表面，其垂直距离为 z，当上层流体受作用力 F 时，则上、下两薄层 $abcd$ 间（图 2-1）的流体将发生角变形而变成 $ebcf$，$\angle abe$ 的变形速率为 $v/\overline{ab}$，一般情况用 $\mathrm{d}v/\mathrm{d}z$ 表示。

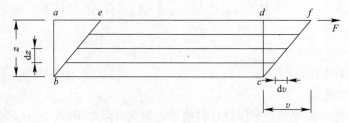

图 2-1　相邻薄层流体黏滞力作用示意图

如单位面积上因角变形所受的剪力为 τ，则 $\tau \propto \mathrm{d}v/\mathrm{d}z$，即

$$\tau = \mu \frac{\mathrm{d}v}{\mathrm{d}z} \tag{2-36}$$

式中　μ——流体的动黏滞率。

若两相邻薄层流体间的面积为 A，则其间的黏滞力应为

$$F_u = rA = \mu \frac{\mathrm{d}v}{\mathrm{d}z} A \tag{2-37}$$

当运动的流体中黏滞力为主要作用力时，则原型和模型间黏滞力的比例为

$$(F_u)_r = \mu_r \left(\frac{\mathrm{d}v}{\mathrm{d}z} \right)_r A_r = \mu_r L_r^2 T_r^{-1} \tag{2-38}$$

按原型和模型动力相似的必要条件，黏滞力比例与惯性力比例相等，即 $\rho_r L_r^4 T_r^{-2} =$

$\mu_r \times L_r^2 T_r^{-1}$，故得

$$T_r = L_r^2 \left(\frac{\rho_r}{\mu_r} \right) = L_r^2 v_r^{-1} \tag{2-39}$$

$$V_r = \frac{L_r}{T_r} = v_r L_r^{-1} \tag{2-40}$$

式中　v——流体的运动黏滞率，$v = \mu/\rho$。

式（2-39）及式（2-40）为雷诺模型定律的时间比例及速度比例。若模型流体与原型相同，$v_r = 1$，则

$$T_r = L_r^2 \tag{2-41}$$

$$v_r = L_r^{-1} \tag{2-42}$$

从式（2-40）可得

$$V_r L_r / v_r = (Re)_r = 1 \tag{2-43}$$

式中　Re——雷诺数，为表示流体黏滞性运动的参数。

从式（2-43）中可知，当黏滞力支配运动时，流体运动的相似条件为原型与模型的 Re 数必须相等。应用雷诺模型定律主要研究不可压缩流体中紊流受流体内部摩擦力影响下的运动现象，或研究管道内无自由液面不可压缩流体的问题，例如潜艇在深水下的运动，以及飞机在大气中的飞行等。

$$v_r L_r = 1 \tag{2-44}$$

若 L_m 较原型 L_p 缩小 L_r 倍，则模型中流速需要增大 L_r 倍，才能保持水流运动的完全动力相似。这从例 5 和例 6 亦可看出。此外，管流模型借雷诺模型定律设计，所解决的实际问题有限，除特殊需要外，一般水工模型试验中雷诺模型定律很少应用。

至于研究输水管道进出口水流问题，因受重力作用，故仍应用弗汝德模型定律；研究输水管道内部水流情况时，必须保证紊流的雷诺数位于阻力平方区，同时对施测数值应加以适当的校正。

具有自由液面而流速甚低的层流及渗流，因黏滞力影响较大，且受重力作用，故设计此类模型时常将雷诺定律与弗汝德定律结合使用，即动力相似条件 $(Fr)_r = 1$ 和 $(Re)_r = 1$ 应同时成立，故从 $(Fr)_r = (Re)_r$ 得

$$v_r / \sqrt{g_r L_r} = v_r L_r / v_r$$

将 $g_r = 1$ 代入上式后即得

$$L_r = v_r^{2/3} \quad \text{或} \quad L_r^{2/3} = v_r \tag{2-45}$$

从式（2-45）可知，这种模型比例确定于所选择的流体。如果模型流体与原型相同，$L_r = 1$，则失去模型试验意义，故模型流体应选择黏滞性较小者，L_r 也不能太大。

第五节　压力相似定律

在不可压缩流体中运动的物体所受的压力

$$F_\gamma = 压强 \times 面积 = pL^2$$

而运动物体的惯性力
$$F_i = \rho L^2 v^2$$

当模型设计中只考虑压力为作用力时，按原型与模型动力相似的必要条件，惯性力比

11

值与作用力比值相等，即

$$(\rho L^2 v^2)_r = (p L^2)_r \quad \text{或} \quad \rho_r v_r^2 / p_r = (Eu)_r = 1 \tag{2-46}$$

式中 Eu 为一表示流体压力特性的参数，称为欧拉数。借模型研究原型物体在流体中运动，原型与模型的欧拉数必须相等。

第六节　弹性力相似定律

设某种可压缩流体的密度为 ρ，体积为 V。当增加单位面积上的压力 Δp 时，其体积的缩小率为 $\Delta V/V$，同时相应的密度增加率为 $\Delta \rho / \rho$，由于 $\Delta p \propto (\Delta \rho / \rho)$，故可定义 $\Delta p = E(\Delta \rho / \rho)$，或

$$E = \rho(\Delta p / \Delta \rho) \tag{2-47}$$

式（2-47）中 E 为比例常数（即弹性模量），此时可表示为作用在某种流体单位面积上的压力强度，故弹性力为

$$F = EA \tag{2-48}$$

设弹性力支配流体运动，则原型与模型间弹性力的比例为

$$F_r = E_r A_r = E_r L_r^2 \tag{2-49}$$

根据动力相似的必要条件　　　$\rho_r L_r^4 T_r^{-2} = E_r L_r^2$

则　　　　　　　　　　　　　$T_r = L_r / \sqrt{(E/\rho)_r}$

而运动弹性率 $e = E/\rho$，得模型的时间比例为

$$T_r = L_r e_r^{-\frac{1}{2}} \tag{2-50}$$

流速比例为

$$v_r = L_r / T_r = e_r^{\frac{1}{2}} \tag{2-51}$$

若原型与模型的流体系统，则 $e_r = 1$，式（2-50）及（2-51）可写成

$$T_r = L_r \tag{2-52}$$

$$v_r = 1 \tag{2-53}$$

式（2-51）可写成

$$v_r e_r^{-1/2} = (Ma)_r = 1 \tag{2-54}$$

或写成

$$(\rho v^2 / E)_r = (Ca)_r = 1 \tag{2-55}$$

式（2-54）及式（2-55）中 Ma 及 Ca 为两种表示弹性力的参数，Ma 为马赫数，Ca 为柯西（Cauchy）数。进行弹性力模型试验时，动力相似的条件及柯西数 Ca（或 Ma 数）必须保持与原型值相等。

柯西模型定律一般用于空气动力学问题的研究中。由于水在水力学问题的试验研究中常作为不可压缩流体，故柯西定律很少应用于水工模型试验中。

第七节　表面张力相似定律

由于流体分子间的凝聚力。两种不相混合的液体、或液体与气体间分界面上产生表面张力现象。表面张力强度以单位长度的力衡量，今以 σ 表示，则表面张力的总力可写成

$$F = \sigma L \tag{2-56}$$

原型与模型间相应的表面张力的比例为

$$F_r = \sigma_r L_r$$

如原型与模型间主要控制力为表面张力，则动力相似的必要条件为

$$\rho_r L_r^4 T_r^{-2} = \sigma_r L_r$$

或 $\qquad\qquad\qquad T_r = L_r^{3/2} \ (\rho/\sigma)_r^{1/2}$

而运动毛管率 $\omega' = \sigma/\rho$，由上式可得

$$T_r = \sqrt{L_r^3/\omega_r'} \tag{2-57}$$

$$\upsilon_r = L_r/T_r = \sqrt{\omega_r'/L_r} \tag{2-58}$$

式（2-57）及（2-58）即韦伯模型定律中的时间比例和速度比例。若原型与模型的流体相同，$\omega_r' = 1$，则上式分别改写成

$$T_r = L_r^{3/2} \tag{2-59}$$

$$\upsilon_r = L_r^{-1/2} \tag{2-60}$$

式（2-58）可改写成

$$(L\upsilon^2/\omega')_r = (We)_r = 1 \tag{2-61}$$

式中　We——韦伯数，为表示流体表面张力特性的参数。当表面张力支配运动时，动力相似条件为原型与模型的韦伯数必须相等。

韦伯模型定律亦很少应用于水工试验。流体运动中如小型沟渠的表面微波、和土壤中的毛细管现象皆为表面张力现象。表面张力的作用在小模型中会引起缩尺影响，应予注意。

第八节　水力学常用公式的相似性

特别模型定律亦可从常用的水力学公式求出，但由此方法求得的比例关系，但仍须考虑在某种情况下的流体运动特性，否则将会发生误差，现举例说明如下。

一、孔口水流

当模型与原型的孔口为几何相似，按孔口流速公式得出比例关系如下

$$\upsilon_r = (c_0\sqrt{2gH})_r \tag{2-62}$$

式中　c_0——流速系数；

H——水头。

由于 $g_r = 1$，在某一定流速范围内 $(c_0)_r = 1$，故得

$$\upsilon_r = H_r^{1/2} = L_r^{1/2} \tag{2-63}$$

式（2-63）所表示的比例关系与弗汝德模型定律相同。孔口水流主要作用力显然为重力，故应用弗汝德定律自属合理，但当模型孔口甚小时，则流速系数 c_0 将随流速而有显著的变化，同时，必须考虑流体黏滞性的影响。故 c_0 可写成

$$c_0 = f(\upsilon L/\nu) = f(Re) \tag{2-64}$$

即当孔口较小时，孔口水流受黏滞性的影响，则须按雷诺模型定律进行校正。

二、堰流公式

过堰水流亦受重力作用，故原型与模型的相应堰流亦具有重力相似性。根据任何溢流堰公式都可直接求出符合弗汝德定律中的流量比例 Q_r。

设三角堰为几何相似，按三角堰公式可得出流量比例关系

$$Q_r = (m_1\sqrt{2g}H^{5/2})_r \tag{2-65}$$

当流量系数 m_1 在一定范围内保持不变，及 $g_r=1$，可得

$$Q_r = L_r^{5/2} \tag{2-66}$$

对于矩形堰，同样可得

$$Q_r = (m_2 b\sqrt{2g}H^{3/2})_r \tag{2-67}$$

式中　b——堰顶宽度。

当流量系数 m_2 保持不变，及 $g_r=1$ 时

$$Q_r = (bH^{3/2})_r L_r^{5/2} \tag{2-68}$$

必须注意，流量系数并非为一固定不变的系数，它随行近流速、水深及流体黏滞率而变化，故在应用模型定律时，必须根据流体运动的物理特性加以适当的校正。

第九节　模型相似定律的应用

影响水流的因素极为复杂，首先必须根据原型流体运动的特性，确定出主要的作用力。如能选择模型比例，按适合的模型定律进行试验研究。

将原型水流边界条件按集合相似制成模型后，还必须注意使模型与原型的流态保持相似。水工模型流体通常采用水，原型水流一般皆为紊流，故模型中的水流亦必须保持为紊流，不得为层流。紊流与层流的界限，可以根据雷诺数 Re 的估算进行检验。

模型流体与原型相同时，$v_m = v_p$，则模型雷诺数为

$$(Re)_m = v_m R_m / v_m \tag{2-69}$$

式中　v 和 R——某断面的平均流速和水力半径。

按重力相似定律设计模型时，$v_m = v_p L_r^{-1/2}$，而 $R_m = R_p L_r^{-1}$，代入式（2-69）得

$$(Re)_m = (v_p R_p / v_m) L_r^{-3/2} \tag{2-70}$$

为保持模型水流为紊流，在选用 L_r 时必须使

$$(Re)_m > (Re)_{cr} \tag{2-71}$$

式中 $(Re)_{cr}$ 表示临界雷诺数，为实验值。如：

（1）在直段明渠水流中粗糙率为中等 $\left(\text{或}\dfrac{\Delta}{R}<\dfrac{1}{25}\right)$ 时为临界雷诺数

$$(Re)_{cr} = \frac{vR}{v} \approx 1400 \quad \text{（爱伦）} \tag{2-72}$$

（2）粗糙表面矩形明渠水流

$$(Re)_{cr} = \frac{vR}{v} > 1400 \quad \text{（爱伦）} \tag{2-73}$$

（3）长度比例的最小许可值

$$(L_r)_{min} > (30 \sim 50)(R\upsilon)_p^{2/3} \quad （阿格罗斯金） \tag{2-74}$$

亦可参考水力学中关于 $\lambda \sim Re$（阻力系数～雷诺数）曲线验证 $(Re)_m$。

缓流与射流的界限可用弗汝德数 Fr 判断，即

$$缓流 \quad Fr < 1 \quad 或 \upsilon < \sqrt{gh} \tag{2-75}$$

$$射流 \quad Fr > 1 \quad 或 \upsilon > \sqrt{gh} \tag{2-76}$$

式中　h——试验断面的水深。

如原型水流具有表面波浪，模型中亦需要有波浪显现时，则水流表面流速

$$\upsilon_{\delta\omega} > 23\text{cm/s} \quad （经验值） \tag{2-77}$$

在模型实验中一方面需要照顾到水流的相似，另一方面也需要注意到，不得使模型中水流运动的次要作用力因模型缩小而对主要作用力的相似产生显著影响。如由于模型过小，表面张力对水流运动发生干扰作用等。

以上几点限制为模型缩尺（$1/L_r$）的下限。当 L_r 较小或模型愈大时，则缩尺影响愈小，试验所得结果愈精确。但模型愈大，则愈不经济，有时亦为实际条件所不许可。故在实际选用模型比例时，应对试验场地的面积，能供给的试验流量，以及时间和所需费用的经济适用等因素，与试验精度要求进行综合考虑，全面比较。一般水工建筑物模型的长度比例 L_r 大多为 20～120。

此外尤应特别注意，模型水流中的某些现象不能一概按比例推算到原型现象中，如掺气或负压问题等。

从纯数理观点出发，模型与原型达成完全相似几乎不可能，但模型比例选择适当，模型与原型间的主要作用力仍存在足够的相似性，据以观察和解决多种水力学问题。

第十节　缩 尺 影 响

综上所述，模型与原型水流运动的关系决定于水力相似性定律，由于模型水流不可能同时满足所有的相似性定律，故不能达到完全的动力相似。从根据特别模型定律设计的模型测得的数据推演原型数据，由于次要作用力的影响，偏差是不可避免的，此即缩尺影响。

例如，水工实验室常用的雷伯克（T. Rehbock）矩形堰流量公式为

$$Q = C\sqrt{2g}bH^{3/2} = \left(1.786 + \frac{1}{340H} + 0.236\frac{H}{P}\right)bH^{3/2} \tag{2-78}$$

$$C = \frac{1}{\sqrt{2g}}\left(1.786 + \frac{1}{340H} + 0.236\frac{H}{P}\right)bH^{3/2}$$

式中　b、P——堰宽，堰高；

$\quad\quad H$——堰上水头；

$\quad\quad C$——流量参数。

如果 H/P 为固定的 1/3，则 $H_1 = 0.60$m 时，$c_1 = 0.442$

$$L_r = 6，即 H_2 = 0.6/6 = 0.1\text{m} 时，c_2 = 0.428$$

$$L_r = 10，即 H_3 = 0.6/10 = 0.06\text{m} 时，c_3 = 0.432$$

$$L_r = 20，即 H_4 = 0.6/20 = 0.03\text{m} 时，c_4 = 0.444$$

从上一组数值可知，c_2 比 c_1 大 　　$(0.428-0.422)/0.422=1.4\%$

$\qquad\qquad\qquad\qquad$ c_3 比 c_1 大 　　$(0.432-0.422)/0.422=2.4\%$

$\qquad\qquad\qquad\qquad$ c_4 比 c_1 大 　　$(0.444-0.422)/0.422=5.2\%$

即模型缩尺（$1/L_r$）愈小，误差愈大。

从上述两个简单的实例可看出，缩尺影响是客观存在的，但当模型缩尺足够大，或采取补偿和校正步骤，缩尺影响可减低到最小。为了减小缩尺影响，大模型固然受到欢迎，但是随着模型尺寸的加大，在模型制造及试验操作等方面，时间、人力及物质的消耗是不容忽视的。故从经济上考虑，只需要制作能满足精度要求的足够大的模型即可。为此目的，实验室往往进行局部模型和断面模型试验，以作为整体模型试验的补充，或取代整体模型试验。

多数需要借水工模型研究的水力学问题的特征是，水流的黏滞力与其惯性力相比较都相对的小，故从雷诺定律而来的偏差不会严重地破坏水力相似性，模型可按弗汝德模型定律进行制造和试验，但须保持雷诺数超过要求的临界值。如果模型水流的雷诺数 $(Re)_m$ 小到使层流起控制作用，但在原型则是紊流，缩尺影响将极为严重，甚至试验资料不能应用。

河道和河口模型由于所包括的河段长、范围大，按弗汝德相似定律设计模型时，水平比例 L_r 大多为 $100\sim500$ 左右，甚至更大；而深度比例 h_r 大多在 100 以下，即制成的河工变态模型具有较大的变率（L_r/h_r）。这类河工变态模型的宽深比一般为

$$(B/h)_m \geqslant 6 \sim 10$$

而原型河道的宽深比 $(B/h)_p$ 多数大于上值，从这方面考虑，模型的变率大致为

$$L_r/h_r = (B/h)_p \div (6 \sim 10) \qquad\qquad (2\text{-}79)$$

按蔡克士的方法河工变态模型的变率由下式控制

$$100L_r/(Re)_p^{2/3} \leqslant L_r/h_r \leqslant L_r^{5/3}/Q_r^{2/3}$$

或参考下式选用模型的深度比例 h_r

$$(Q_r/L_r)^{2/3} \leqslant h_r \leqslant [(Re)_p/1000]^{2/3} \qquad\qquad (2\text{-}80)$$

因为如果不采取水深方向的放大，则由于模型中水深过小，流速过低，黏滞力及表面张力等次要的作用力将在模型上发生显著影响，甚至流态发生根本变化而无法预演原型水流情况。

由此可明确在设计这类模型时，必须考虑：（1）流态的相似；（2）低雷诺数时由黏滞性引起的缩尺影响；（3）河床粗糙率的影响；（4）平面及断面形状的影响；（5）对活动河床模型如何选择模型砂等。

广义的模型缩尺影响还包括常压模型（即水面上为当地大气压）中不能重演空穴和高速水流掺气现象等。为深入认识缩尺影响的规律，解决模型观测值的校正问题，其中最有效的方法是进行不同比例的模型试验和进行原型观测。

第三章　水工模型试验测试技术及试验数据处理

第一节　常规测试仪器

水工试验常规测试仪器，主要用于观测水位、压力、流速、流向和流量等水力要素。这些观测仪器一般都由感应器、转换器和指示器三部分组成。其中最重要的是感应器。它直接与流体接触，以感受所测的物理量。本节论述的常规仪器以感应器为主。转换器和指示器有现成产品可供选用，一般无需另行设计。

常规仪器按其原理、性能和用途，有机械式、差压式和堰槽式等类型。这类仪器用于观测物理量的时间平均值，具有操作简单，测量结果稳妥可靠等优点，至今仍广泛应用于试验室，为水工模型试验不可或缺的仪器。因此，掌握常规仪器的设计和使用，是从事水工试验者的基本功之一。

仪器的设计和使用涉及灵敏度和精确度。灵敏度亦称感量，表明仪器感受所测物理量微小变化的能力。使用仪器时须知其灵敏度，以了解是否符合测量的要求。精确度简称精度，表示仪器实际检定的准确程度，具体系指仪器所能测读的最小分度和标定误差的大小。因此，仪器的精度不得小于它的灵敏度。否则，刻度的精细将失去实际意义。

此外，使用仪器时还应注意各种仪器之间的精度和谐。一味追求一种仪器的精度，而忽视其他有关仪器的精度，则测取的资料受精度差的仪器控制，使精度高的仪器起不到应有的作用。同时，仪器的灵敏度应与稳定性结合起来，一味追求灵敏度而忽视其稳定性亦是不可取的。上述辩证关系，在设计和使用仪器时应当注意。

一、水位测量仪器

1. 量水测针

水位测试仪器，目前多采用结构简单，使用方便的针形测针。套筒牢固地安装在支座上，测杆可在套筒中上、下抽动。另有一套微动机构，借微动轮使其作微量移动。测杆上附有化微器，精度可达 0.1mm。

使用时，以测针尖直接量测水位，或用测针筒将水引出，在筒内进行测读。前者测度简捷，唯水面波动对读数的影响较大；后者水面平静，测量精度较高。还可采用钩形针尖，能避免表面吸附影响，使读数更准确。但要注意连通管内不得存留空气泡。若需测量水面线时，可将测针安装在活动测针架上，使其沿着校平导轨前后左右滑动，以便测得任意断面处的水深或水位。如果使用自动控制三向坐标仪，则测量精度和速度将大大提高。

使用测针时，应注意下列各点：

(1) 测针尖端勿过于尖锐，以半径为 0.25mm 的圆尖为宜。

（2）测量时，测针尖应自上向下逐渐逼近水面，直至针尖与其倒影刚巧吻合，水面微有跳起时观测读数。钩形测针则先将针尖浸入水面，然后徐徐向上移动，直使针尖触及水面。

（3）当水位略有波动时，应测量最高与最低水位多次，然后取其平均值。

（4）经常检查测针有无松动，零点有无变动。

2. 电感闪光测针

上述水位测针与水面的接触全凭目力观察，亦可称为视感测针。但在某些场合无法用肉眼测读或测读有困难时，则可采用电感闪光测针。这种测针的测杆和普通测针一样，只是针头部分需另行设计。其要点如下：

首先，将普通测针的单针头改为双针头。其中一根为标准针头，另一根为辅助针头。两针尖端高差视试验精度而定。各针头分别接上一只氖气小灯泡，使用时，由于标准针头的测针读数事先定好，当针尖触及水面时，与其对应的氖灯开始闪光，表示水位正好达到预期要求。若两个氖灯同时闪光，表示水位高于预期水位；两个氖灯都不亮表示水位低于预期水位，均需重新调整水位。这样，既可避免试验人员往返操作，又可随时监视水位的变化情况，使观测结果更为可靠。

3. 浮筒水位计

这种水位计用来测定模型水位随时间的变化。如船闸闸室中灌泄水时的水位变化及水电站调压井的涌波水位变化等。由于它是机械式的测量装置，惯性较大，不能用来测定周期很短的水位变化。

浮筒水位计由带有平衡锤的浮筒、记录滚筒、记录笔以及用小马达操纵的变速机构等组成。根据记录坐标的不同，通常有两种形式：

（1）以滚筒的旋转方向为时间坐标，而与滚筒轴线平行的方向为水位坐标；

（2）以滚筒的旋转方向为水位坐标，而与滚筒轴线平行的方向为时间坐标。

其设计要点如下：

首先，根据被测水位的变化幅度和需要测定的时间，确定滚筒的直径、长度及变速比等。其次，根据记录精度和传动部分的摩阻力矩，确定浮筒和滑轮的直径。同时，平衡锤的重量应使弦线张紧，使与滑轮之间不产生滑动。在水位升降过程中，避免平衡锤触及水面。上述两种形式的浮筒水位计，在20世纪70年代以前使用广泛，后由跟踪式水位计所代替。

二、压力测量仪器

压力计是实验室内测量流体压强常用仪器。施测时，在测量压强的边壁上开测压孔，然后用不锈钢管或紫铜管、橡皮管等将测压孔连通至测压管或比压计中进行测读。

测压管的主要要求有：

（1）内径须大于1cm，否则毛细管影响太大；

（2）管径应均匀，否则毛细管升高不同；

（3）玻璃管须洁净，以免弯液面倾斜；

（4）管身保持直立。

测压孔的主要要求有：

（1）孔口采用圆柱形，孔径小于 2mm；

（2）孔壁平滑，无接痕毛疵等弊病；

（3）孔口垂直边壁，孔深至少应为孔径的两倍；

（4）孔面与其周围边壁应光滑平顺。

压力计通常有下列四种：

（1）测压管。直接用水柱高度表示压强（或称测压管水头）。测读时，水柱高度读尺最好用不锈钢或铜尺。

（2）压力计。如用测压管测量较大的压强，管子高度过高，测量不便。这时可改用较重的液体测量压强。

（3）比压计。用来测量两点之间的压强差。比压计中使用的液体应具备以下条件：a. 不粘管壁，使管内液体清晰易读；b. 与所测的液体接触后不致混合；c. 对管壁及所接触物体不腐蚀；d. 温度变化对重率影响不大；e. 化学性能稳定不易蒸发。

（4）测微比压计。这是灵敏度较高的测压仪器。

三、流速测量仪器

1. 毕托管

毕托管是试验室内测量时均"点"流速的常用仪器。1732 年由法人亨利·毕托（HenriPitot）首创此项仪器。后经多年来的不断改进，目前已有几十种形式。其中，最常用的有以下三种：

（1）标准型毕托管；

（2）NPL 型锥形毕托管；

（3）NPL 型半球形毕托管。

毕托管是利用管身迎水顶端滞点压强最大，流速为零的原理设计的。毕托管的流量公式一般写成

$$u = \phi \sqrt{2g\Delta h} \tag{3-1}$$

式中　Δh——全压管与静压管的水头差；

　　　ϕ——毕托管流速系数，通过标定确定。

标定试验表明，当雷诺数 $\dfrac{ud}{\upsilon}$（u 为流速，d 为毕托管外径，υ 为流体运动黏滞系数）在 3300～360000 范围内，正对流向的标准型毕托管 $\phi=1$。一般自制的毕托管，经标定 $\phi=1$，误差不大于 $\pm3\%$，即认为合格。

从原理上讲，毕托管可以测量高流速。唯目前通用的标准型毕托管，管径为 8mm，体型较大。用于高流速时，不仅干扰影响流场，而且限制近壁区流速的流量。

2. 毕托柱

毕托柱亦属差压类测速仪器，其设计原理与毕托管同，即利用柱体迎水顶端滞点压力的特性而测量流速。前人曾对水流围绕圆柱体的压力分布进行过实验。

毕托柱通常用来测量封闭管道中的流速和流向,其测速范围为 0.15～6m/s。标准毕托柱的设计要点如下:

(1) 毕托柱首离静压孔位置至少八倍柱径,否则柱首绕流将影响流速系数;

(2) 滞压孔与静压孔的夹角宜选 40°～45°,以适应较宽的雷诺数范围;

(3) 柱尾附以量角器,以便定位并观测流向;

(4) 适当选择柱径,既有足够强度,又不影响流态和流量。

毕托柱有以下特点:

(1) 毕托柱用于施测管道流速及流向尚称满意;

(2) 毕托柱不宜用于测量静压强;

(3) 标准毕托柱的流速系数与毕托管相同,使用时的要求亦相同。

为了加工方便或其他原因,各家自制的毕托柱常与标准毕托柱的设计要求差距较大。因此,制成后的毕托柱须逐支进行标定以确定流速系数值。

此外,还可用毕托球测量流速。其设计原理亦是利用滞点压力的特性。目前多用于测量风洞中的风速。唯加工比较复杂,水工试验中用得不很普遍。

3. 旋桨式小流速仪

上述毕托管或毕托柱等差压类测速仪器,当测低流速时因流速水头值甚小,往往感量不足。旋桨式小流速仪在流水中旋转时感量较高,特别是应用近代光学原理,感量更高,是水工试验中测量低流速的合适仪器之一。

四、流向测量仪器

水工模型试验除测量流速大小外,有时还要求测量流速的方向(简称流向),以便获得流场的图形。测量流向的方法甚多,从最简单地用丝线或高锰酸钾溶液目测流向,直至近代电光式流向仪。一般水工试验多选用合适的指示剂或浮子来指示流向。常用的流向指示剂有下列几种:

(1) 测定水面流向者:纸花、干锯木屑、发光浮子等。最近采用的聚乙烯薄膜(厚 0.1cm,直径 1cm)是理想的流向指示剂。

(2) 测定水中流向者:短羊毛细线、高锰酸钾溶液及用苯、白漆和四氯化碳调制的混合液滴。

(3) 测定水底流向者:湿木屑、高锰酸钾颗粒以及石蜡和煤屑等制成的小球。

此外,利用毕托管或毕托柱逐点测定最大流速的方向然后以切线相连,同样可获得流场图形。毕托柱尤其适用于管道流向的观测。

五、流量测量仪器

1. 量水堰

量水堰属于堰槽类的量水仪器,水工模型试验常用它测量流量。其基本原理是基于堰顶水头与流量存在一定关系,故可通过水深测量而算出流量。

量水堰的形式很多，如矩形堰、三角形堰、抛物线形堰以及复式堰等。流量公式一般可写为

$$Q = CBH^n \qquad (3-2)$$

式中　Q——流量；

　　　B——堰宽；

　　　H——堰顶水头；

　　　C——流量系数，由率定试验确定；

　　　n——指数，随堰的形式而变，矩形堰 $n=3/2$，三角形堰 $n=5/2$，抛物线形堰 $n=2$ 等。

下面介绍几种实验室内常用的量水堰：

（1）矩形堰。矩形堰的布置比较简单。凡自行设计、制造的量水堰，安装后最好先做矫正试验再交付使用。若实验室缺乏校正设备，则可仿照标准量水堰的设计要求，引用雷伯克（T. Rehbock）堰流公式计算流量

$$Q = \left(1.782 + 0.24\,\frac{h}{P}\right)BH^{3/2} \qquad (3-3)$$

式中　P——堰高；

　　　B——堰宽；

　　　h——堰上水深。

$H = h + 0.0011m_0$

标准量水堰的设计要求如下：

a. 堰高与堰宽的选择，视模型最大和最小流量而定。通常要求堰顶水头不小于 3cm，否则表面张力和黏滞力影响过大。同时，堰顶水头亦不宜大于堰高之半，以减少行进流速的影响。

b. 堰壁应与来水流向和引槽垂直正交，引水槽务须等宽，堰板垂直，顶部水平。堰板锐缘厚度不大于 1cm，与堰背成 30°。

c. 引槽槽壁应向前伸出，略为超过堰板的位置，使水舌过堰后不致立即扩散。

d. 水舌下的空气必须畅通，无吸压或贴流现象。故常在堰板与水舌之间设置通气孔。下游尾水与堰顶高度差不小于 7cm。

e. 消浪栅设置在堰板上游 10 倍最大堰顶水头以及远处，使来水平稳无波动。

f. 测针孔应设置在 6 倍最大堰顶水头处，并连通至测针筒内测读。

（2）三角形堰。一般常采用堰口为 90°的三角堰。堰槽宽度应为堰顶最大水头 3~4 倍，其他设计要求与矩形堰相同。此堰用于小流量时精度较高，其流量计算公式为

$$Q = CBH^{5/2} \qquad (3-4)$$

式中　C——流量系数，其值随堰高、堰宽和水头的变化而有所不同。

$$C = 1.354 + \frac{0.004}{H} + \left(0.14 + \frac{0.2}{\sqrt{P}}\right)\left(\frac{H}{B} - 0.09\right) \qquad (3-5)$$

　　　B——堰板上游水槽宽度；

其他符号同前。

（3）复式量水堰。复式量水堰由矩形堰和三角形堰两部分组成。其优点是能适应较宽范围的流量。当流量小时，实际上就是三角形堰，因而可得到较高的精度。鉴于此种堰形

目前尚无准确的流量计算公式，故须通过校正试验后方可使用。

（4）巴歇尔量水槽。这是属于另一种类型的堰槽量水装置，20世纪40年代首先创于美国农业试验站。进行浑水试验时用它测量流量。量水槽的优点是水头损失量小，漂浮物及沉淀物不致影响测流，故在渠系上应用较广泛。

2. 文丘里水计

文丘里水计属差压类量水仪器，因文丘里（G. B. Venturi）对咽喉收缩管实验的研究而得名。该仪器主要由收缩管、喉管和扩大管三部分组成。其流量公式可由伯努利方程和连续方程推导而得，即

$$Q = C_d a \sqrt{\frac{2gh}{1 - \left(\frac{a}{A}\right)^2}} = C_d a \sqrt{\frac{2gh}{1 - \left(\frac{d}{D}\right)^4}} \tag{3-6}$$

式中　C_d——流量系数，由试验确定；

　　d、a——喉部直径和断面积；

　　D、A——管子直径、断面积。

常用的文丘里水计分长型和短型两种。文丘里水计的最大流量系数可达0.984，通常取0.975。

文丘里水计的优点是流量调整简捷，使用、卸载方便，不占用或少占试验场地，故在工业上和试验室中均广泛应用。缺点是测量范围较小，精度不及量水堰。

3. 量水孔钣

它是差压类量水仪器中最简单的装置。其原理和流量公式与文丘里水计相同。但由于孔口射流收缩的影响，流量系数值远较文丘里水计小。

4. 管嘴

管嘴亦属于压差类量水仪器，因其进口平顺，无水流收缩现象，故流量系数远较孔钣大。常取0.96～0.98。

上述三种压差类量水仪器，就流量系数和水头损失来说，以文丘里水计最佳，管嘴次之，量水孔钣最差。

5. 弯管计

弯管计又名离心计，通常利用管路原有的90°弯头，在其内周及外周管壁的中央设置测压孔，用来测量流量。其原理基于弯管曲线的离心作用，从而产生流速与压力的变化。流量公式为

$$Q = \eta A \sqrt{2gh} \tag{3-7}$$

$$\eta = 2D/R$$

式中　D——管径；

　　R——管道中线半径；

　　A——管的断面积。

弯管计的上、下游各须有 25D 和 10D 长度的平直段。因其经济、简单，并可结合已有管路中的 90°弯头。尤其使用与封闭管路循环系统，如减压箱和水洞等设备，作为估算流量的仪器。误差为 10% 左右。

第二节 试验资料的数据处理和误差分析

一、试验资料的数值运算

1. 有效数字

任何一种测量仪器，由其精确度所限，最后从显示或记录装置所得到读数的位数都是有限的，不可能读到超出其精确度的更多的数位，当然也不能任意增加其记录数据的位数，未经测定而增加的数（包括"0"在内）是无效数。有效数是经过测定的数字，有效数的个数为有效数位。例如测得玻璃水槽的宽度是 44.5cm，三个数字（4，4，5）都是有效数，或说有效位数是 3，这就说明水槽宽度的测量结果比 44.4 和 44.6 都可靠。如改进了测量仪器，提高了测量精度，测得水槽宽为 44.50，那么有效数位就是 4，则水槽宽度比 44.49 和 44.51 都可靠，说明大大地提高了精度。

有效位数和数的精度有密切关系，必须注意和谐一致，因此，有效数字最好能明确地表示出来。例如一条明渠的长度为 1200m，则看不出有效数字是几位，末尾两个"0"，若是经过测定，则是有效数；若仅是为了定位而用，则无有效数。若记为 12×10^2，或 12.0×10^2，或 12.00×10^2，这样表示就明确了其有效位数，分别代表有效数是 2，3，4 位。

2. 数值运算误差分析

1）舍入规则

由测量仪器测取的数据，是通过舍入而读取的一定位数的读数值，这些都是"约数"。约数的末尾数，称为"可疑位"。如需取齐许多约数的小数点以后的位数，则保留位以后的位数称为"可疑位"，就不一定以一位为限。由舍入而造成的误差称为舍入误差。为了使正负舍入误差出现的机会大致均等，目前普遍采用的舍入规则为：

（1）可疑位小于保留位的半个单位时，舍去可疑位时，保留位不变；

（2）可疑位大于保留位的半个单位时，舍去可疑位时，保留位加 1；

（3）可疑位刚好等于保留位的半个单位时，保留位一律取齐为偶数，即保留位为奇数（1，3，5，7，9）时，舍入可疑位，保留位加 1 而为偶数，保留位为偶数（2，4，6，8）时，舍去可疑位，保留位不变。

2）运算数值的误差分析

若将准确值记为 A_1、A_2……相对应的近似值记为 a_1、a_2……误差记为 Δa_1、Δa_2……用准确值进行计算所得到的准确结果记为 B，用近似值进行计算所得到的近似结果记为 b，相应误差记为 Δb，则这种运算的误差表示式如下：

（1）加减

$$b = B + \Delta b = B + (\Delta a_1 \pm \Delta a_2 \pm \cdots\cdots)$$

$$\Delta b = \Delta a_1 \pm \Delta a_2 \pm \cdots\cdots$$

估计误差 Δb 的界限为

$$|\Delta b| \leqslant |\Delta a_1| + |a_2| + \cdots\cdots \tag{3-8}$$

（2）乘法

用类似的推导，并略去 $\Delta a_1 \Delta a_2$ 的乘积项后，可得乘法的相对误差表示式为

$$\frac{\Delta b}{b} \approx \frac{\Delta a_1}{a_1} + \frac{\Delta a_2}{a_2} + \cdots\cdots$$

其相对误差的界限为

$$\left|\frac{\Delta b}{b}\right| \leqslant \left|\frac{\Delta a_1}{a_1}\right| + \left|\frac{\Delta a_2}{a_2}\right| + \cdots\cdots \tag{3-9}$$

（3）除法

用同样推导可得除法的相对误差表示式为

$$\frac{\Delta b}{b} \approx \frac{\Delta a_1}{a_1} + \frac{\Delta a_2}{a_2} + \cdots\cdots$$

其相对误差的界限表示式为

$$\left|\frac{\Delta b}{b}\right| \leqslant \left|\frac{\Delta a_1}{a_1}\right| + \left|\frac{\Delta a_2}{a_2}\right| + \cdots\cdots \tag{3-10}$$

由式（3-9）、式（3-10）可知，Δa_1、Δa_2……乘除的相对误差等于或小于其本身的相对误差绝对值之和。

（4）乘幂与方根

若 $B = A_1^m$（$m > 0$），则得相对误差式为

$$\frac{\Delta b}{b} \approx m \frac{\Delta a_1}{a_1} \tag{3-11}$$

由式（3-11）可知，a_1 的 m 次乘方的相对误差等于 a_1 本身的相对误差的 m 倍。同样的推导可知，a_1 的 n 次方根的相对误差则等于 a_1 本身的相对误差 $1/n$。

由此可以看出，测定值的误差会对运算结果的精度带来怎样的影响。

3）数值运算

对约数进行运算时，不必对其数值尽量多地取位数，这是不合理的运算方法，不仅繁复，且易出错。合理的运算原则如下：

（1）加减。先对各数转化成同一单位，将小数点一律对齐，次定出一个可疑位，再将各数较此可疑位多保留一位，加减得出结果，再将末一位舍入，仍取齐成与最右一个可疑位相同的最后结果。

例 将 58.96、4.081、0.4321、0.3755 四数相加。

由 58.96 知可疑位为小数点后两位，它可能有 0.005 的误差。因此和数最多能准确到小数点后面第二位，小数点后面第三位以及后各位均不可靠，运算时多保留一位，目的是为了不因舍入误差而严重影响运算结果的精度，即

$$58.96 + 4.081 + 0.432 + 0.038 = 63.511$$

最后取和数为 63.51。

（2）乘除。先定出有效位数为最小的一数，其余各数的有效数位可暂时多保留一位，然后照常法乘除，将所得乘积或商数的有效数位仍改为和有效位数最小的一数的位数相同。

二、误差分析

对一物理量（如水位、流量）进行测量，尽管是一常量，进行多次测量的结果，数值并不完全相同，这就说明，在观测数据中存在实验误差，其测量结果与真实值之间的差异，称为测定误差。

1. 过失误差

是指读错读数或记错记录所造成的误差。又如压力脉动示波图由于某种原因，使几条记录线参混在一起分辨不清造成的误差等。

2. 偶然误差

偶然误差为除去上述两种误差之外的误差。它是由于仪器的灵敏度，环境条件（如温度等）的波动产生的误差。

在实验的量测工作中，对量测仪器和记录仪器必须定期纪念性校正和检验，尽量消除系统误差；读数、记录要细心复校，以消除过失误差。一般来说，偶然误差是不可避免的。

对于偶然误差，由实践可知，在同样的条件下，对某物理量进行多次反复测量，会发现测定值是围绕着某一数值左右摆动。对每一测定值来说，可用下式来说明它与平均值及偶然误差之间的关系

测定值 = 平均值 + 偶然误差

式中平均值为一常数；偶然误差在一定的程度上具有相互抵偿的统计规律性，也就是说随着测量次数的增加而趋近于零，偶然误差的概率密度函数服从于正态分布。上述还可以改写为

测定值 = 真实值 + （平均值 - 真实值） + 偶然误差

式中（平均值 - 真实值）就相当测定值的系统误差。这式完整地说明了测定值与真实值、系统误差和偶然误差之间的关系。由前述可知，测定值的偶然误差符合正态概率密度分布，标准差（σ）为衡量分布特性的参数。因此当测定的系统误差及标准差均很小时，则称该测定的准确度高；如仅测定的标准差很小时，则称该测定的精确度高。但测定值是否可信，还要看测定中是否还存在有过失误差，如果有，则须进行舍弃实验，否则这些测定值为不可用。

由实践可知，测定值的偶然误差遵循如下的规律性：

(1) 绝对值小的误差比绝对值大的误差出现的概率大；

(2) 绝对值相等而符号相反的误差出现的概率相等；

(3) 绝对值很大的误差出现的概率很小。

通常可将偶然误差视为随机变量，其概率密度函数服从正态分布，若误差标为 δ，得

$$P(\delta) = \frac{1}{\sigma\sqrt{2\pi}} e^{-\frac{\delta^2}{2\sigma^2}} \tag{3-12}$$

其数学期望，当 $n \to \infty$ 时，为

$$E(\delta) = \int_{-\infty}^{\infty} \delta P(\delta) \mathrm{d}\delta = 0 \tag{3-13}$$

方差

$$\int_{-\infty}^{\infty} \delta^2 P(\delta) d\delta = \delta^2 \tag{3-14}$$

式中 σ ——标准误差。

对服从正态分布的偶然误差，计算得介于（$-\sigma$，$+\sigma$）之间的概率为

$$\int_{-\sigma}^{\sigma} P(\delta) d\delta = 0.6827$$

而介于（-2σ，$+2\sigma$）及（-3σ，$+3\sigma$）之间的概率分别为

$$\int_{-2\sigma}^{2\sigma} P(\sigma) d\delta = 0.9545 \qquad \int_{-3\sigma}^{3\sigma} P(\sigma) d\delta = 0.9973$$

由此可知，误差超出（-3σ，$+3\sigma$）的概率为 0.27%，即偶然误差的绝对值大于三倍标准误差的可能性已小于千分之三。

3. 系统误差

是一种固定的或服从于一定函数规律变化的误差。即

$$系统误差 = 平均值 - 真实值$$

对于压力脉动传感器的率定和用温度补偿措施以消除温度的影响，测针零点定期校测等，都是为了消除系统误差。系统误差影响实验成果的正确度。对某量虽在同一条件下重复测量多次并不能发现系统误差，只能改变形成系统误差根源的条件，才能发现系统误差。

系统误差的存在影响测定的准确度，因此消除系统误差非常必要。要消除系统误差，首先要检验判别测定中是否有系统误差存在。检测判别的方法很多，只列举以下三种方法：

(1) 皮尔逊（Pearson）法

将几个测定的随机数据 α_1，$\alpha_2 \cdots \alpha_n$，按大小顺序分成 k 组，记落入第 i 组（$i=1 \sim k$）的数据个数（频数）为 f_i；并设这些数据符合理论分布函数为 $\varphi(x)$ 的分布，相应按理论推算得到落入第 i 组的理论频数为 F_i（$F_i = 1 \sim k$），此处要求 f_i 及 F_i 均不得小于5，当 n 很大时，则

$$x^2 = \sum_{i=1}^{k} \frac{(f_i - F_i)^2}{F_i} \tag{3-15}$$

近似服从自由度为 $k-p-1$ 的 x^2 分布（p 为未知参数的个数），如为正态分布时则自由度为 $k-3$。在给定信度 α 后，查 x^2 分布表可得 $P\{x^2 \geqslant x^2(k-p-1, \alpha)\}$ 中 $x^2(k-p-1, \alpha)$，若得 $x^2 < x^2(k-p-1, \alpha)$，则测定值服从分布函数为 $\varphi(x)$ 的分布，反之则可怀疑测定值中包含有系统误差。

(2) 夏皮罗—威尔克（Shapiro-wilk）法

此法用以检验测定值是否服从正态分布，其步骤为：

a. 测定值按大小顺序排列

$$\alpha_1 \leqslant \alpha_2 \leqslant \alpha_3 \cdots \leqslant \alpha_n$$

b. 查夏皮罗—威尔克 α_{in} 系数表，由表找出对应于 n 值的各 α_{in}

c. 计算

$$W = \frac{\left\{ \sum_i \alpha_{in} (\alpha_{n-i+1} - \alpha_i) \right\}^2}{\sum_{i-1}^{n} (\alpha_i - \bar{\alpha})^2} \tag{3-16}$$

上式分子中 $\sum\limits_i$ 当 n 为偶数时为 $\sum\limits_{i=1}^{\frac{n}{2}}$；当 n 为奇数时为 $\sum\limits_{i=1}^{\frac{n+1}{2}}$；

  d. 给定信度 α，查 $W(n, \alpha)$ 表，如果

$$W \leqslant W(n, \alpha) \tag{3-17}$$

时，则表示测定值不服从正态分布。

  (3) 秩和检验法

  对某物理量测量两组，考察这两组测量之间是否有系统误差，可以检验他们的分布是否相同，否则，将可怀疑它们之间存在系统误差。若

$$x_1, x_2 \cdots x_n$$

$$y_1, y \cdots y_n$$

  为两组独立测定值，将它们混合起来，按大小顺序重新排序，取次数较少的那一组，统计它的测定值在混合后排列在第几名的名次（即秩），将它们求和得秩和，由 n_1（次数较少的组的次数）和 n_2 查 T_- 和 T_+（信度 0.05），若

$$T_- < T < T_+ \tag{3-18}$$

则无根据怀疑两组测定值之间存在系统误差。

  当 n_1、$n_2 > 10$，秩和 T 近似服从正态分布，T_- 和 T_+ 可由正态分布算出。

  (4) 过失误差的舍弃检验

  过失的舍弃检验就是要检验某一测定值与其他测定值是否同属于一个母体，从而决定其取舍。这种舍弃检验方法很多，此处列举剔除过失误差的格拉布斯（Grubbs）标准。

  对一量作等精度的独立测量，得 n 个数据

$$x_1, x_2 \cdots x_n$$

  将此 n 个数据，按大小顺序排列的结果为

$$x_{(1)} \leqslant x_{(2)} \leqslant \cdots \leqslant x_{(n)} \tag{3-19}$$

  单次测量的均方差（$\hat{\sigma}$）可用贝塞尔公式计算

$$\hat{\sigma} = \sqrt{\frac{n}{n-1} \sum v^2} \tag{3-20}$$

式中 v——残差。

格拉布斯导出了

$$g = \frac{x_{(n)} - \bar{x}}{\hat{\sigma}} \tag{3-21}$$

的分布，当取定信度 α 后，便得出临界值 $g_0(n, \alpha)$

$$P\{g \geqslant g_0(n, \alpha)\} = \alpha \tag{3-22}$$

因 $x_1 = (-x)_{(n)}$，故 $\dfrac{x_{(1)} - \bar{x}}{\hat{\sigma}} = \dfrac{x - \bar{x}_{(1)}}{\hat{\sigma}}$ 的分布与 g 的分布相同，于是得到剔除标准，若测量的最大值或最小值满足

$$|v_i| > g_0(n, \alpha) \cdot \hat{\sigma} \tag{3-23}$$

者应予抛弃。

第四章　挟沙水流动床模型的基本相似条件

第一节　概　述

一、泥沙基本运动规律的研究

1. 沙粒在静水中的沉降规律

泥沙颗粒由于单纯自重作用而在静水中沉降，是一种最简单的泥沙运动。沉速应和颗粒的大小、形状、比重以及水的黏滞性有关，颗粒与水既有相对运动，其流态也就可以分为层流、紊流及过渡等流态区。

1）泥沙在水流作用下的启动规律

泥沙在水流作用下的由静止向运动转变（或由运动向静止转变）达到临界状态时的特征水力要素，也是泥沙研究的一个基本问题。这一问题比静水中沙粒沉降问题复杂多了。影响沙粒启动规律的因素，不但是颗粒大小、轻重和形状，还包括颗粒的组成、颗粒间的紧密程度。泥沙启动不但与水的黏滞性有关，还和水流本身的结构（水深、流速的大小和分布、脉动强度等）有关。另外"启动"的具体概念在不同的研究者以及不同的水沙条件下往往也无明确统一的含义。比如，从运动形态说是颗粒沿底滑动、滚动或跳动呢，还是突然离底扬起；从数量上说是个别颗粒动、还是少量颗粒动呢，或是很多颗粒成批运动呢。所以至今还缺乏真正理论上成熟的公认的研究结果。不过随着大量水槽试验资料的积累与验证，已有不少半经验半理论的公式可供使用，尤其用于较粗颗粒的几个启动流速公式，形式上虽各不一样，却能给出相近的符合实际的结果。关于启动规律的一个重要特性也已查明：在给定水深下有一与最小启动流速相应的特征颗粒，当实际粒径大于此特征粒径时，粒径越大则启动流速越大；当实际粒径小于此特征粒径时，粒径越小则启动流速越小。这是因为在细颗粒情况下颗粒间薄膜水的作用和粘结力的作用突出了。

由于对颗粒极细的泥沙（乃至成为黏性土粒）进行启动规律的试验观测比较困难（由于电化学等方面的原因，甚至确切的泥沙粒径、形态都难以测定），故资料甚少。目前已有各家关于粗细粒径通用的启动流速公式，实际上是很难验证的，因此也难以判别优劣。后面读者将会看到，在泥沙模型中尽量避免采用黏性突出的极细沙作模型沙，重要原因之一就是极细颗粒的启动规律犹未掌握。

2）水流挟沙量规律

一定水流条件下能挟带和输移多少一定颗粒组合的泥沙，是泥沙研究中必须定量解决的又一基本问题。由于这方面的规律要以泥沙的启动规律和沉降规律为基础，而水流和泥沙又都处于绝对运动和相对运动状态，因而问题更复杂了。通常我们区分两种挟沙量：其一是沿河床底部移动的所谓底沙（推移质），习以单位时间通过某断面的沙量（重量或体积表示），称为底沙输沙率；其二是悬浮于水流中运动的所谓悬沙（悬移质），习用单位体积水沙混合体中沙的重量表示，称为含沙量或含沙浓度，含沙浓度与流量乘积即为悬沙输沙率。在悬沙运动中，有时还会出现一种特殊运动形式，即在特定的水流及泥沙粒径条件下，形成一层含沙浓度特大的饱含细沙的水沙混合体沿水流的某一深度范围内前进，这是所谓异重流。

正如泥沙启动规律的研究一样，水流挟沙规律的研究成果大都也是基于水槽试验或原型观测资料的经验、半经验公式，而且用不同公式计算同一问题所得结果也往往差异很大。相对说来，由于底沙的室内试验交易进行，所以目前有些底沙输沙率公式似尚可信，但天然河流上底沙的测验问题未解决，这些公式也就难以确切验证了。悬沙的水文测验资料多且较可靠，而悬沙的理论工作与室内试验较底沙又困难得多，目前几乎还没有值得推荐的既有理论根据又符合实际的公式。

总之，水流挟沙量规律迄今尚未被充分认识，公式多而不一致，正表明问题的不成熟性。

二、泥沙问题的模型试验

综上所述，既然泥沙运动的一些基本规律还未彻底弄清楚，对于水利工程中那些更综合、更复杂的实际泥沙问题，就很难设想通过数学模型确切求解，只好求助于物理模型，采取具体问题具体处理和分别对待的办法。用模型试验解决具体泥沙问题的好处是在相当程度上绕过了不掌握严谨理论公式的缺陷。只要知道与所研究问题有关的因素，分析出恰当的相似准则，就能将原型现象在缩尺模型上预演。可是泥沙模型中的水、沙及其边界（河床）都处于动态，涉及的物理参变量很多，实际上我们又难以使所有因素在模型上得到相似处理，只好分清主次，忽略次要因素，在满足主要相似条件下进行模型试验。但究竟什么是主要的，也就因研究者的经验和主观认识而异。所以在泥沙模型的相似率以及具体设计上，至今还无统一的说法。为了检查泥沙模型设计的正确与否，验证试验十分重要。这就是说，为使模型预演原型尚未出现的现象而且可信，先试其是否能重演原型已出现过且为人们掌握的（有确切的原型观测资料的）现象。验证结果可为修改模型设计和调整某些量的相似比尺提供依据。

基于上述原因，本章以下诸节所介绍的挟沙水流的动床模型律以及特别是各种模型设计方法，虽尽量选择国内外一些较为通用且行之有效的做法，但正如有关泥沙模型的其他书籍、文献一样，作者主观认识和实践经验的影响恐怕也在所难免。

第二节　挟沙水流动床模型的基本相似条件

本节我们将介绍挟沙水流动床模型的一些基本相似条件，这些条件已得到多数学者肯定和行之有效为准，并尽量不以有争论的经验或半经验公式为导得这些条件的根据。但仅有这些条件，还不足以进行模型设计。故在此后各节中则将针对不同性质的问题，分别介绍如何附加一些条件进行具体模型设计的方法，并适当举例。当然，那些方法就不一定是唯一的了。

为更具普遍性和节省篇幅，我们将不再区别正态和变态，一般地视模型为具有水平长度比尺 α_1 和垂直向深度比尺 α_h 的变态模型。而把正态模型视为 $\alpha_1 = \alpha_h$ 的特例。实际上我们将看到泥沙模型中做成完全正态（不但 $\alpha_1 = \alpha_h$，而且包括模型沙粒径比尺与几何比尺相等，水流运动时间比尺与河床变形时间比尺一致等）反而是占少数的。

一、水流运动相似

泥沙运动相似的前提是挟带泥沙的水流本身相似，水流相似概括说有下述主要条件。

（1）满足边界条件相似和几何相似，或各向几何尺寸比尺一定。

（2）满足流态相似，通常这意味着模型应有足够大的水流雷诺数，使模型流态与原型流态同属于紊流阻力平方区。显然这一条件控制着模型水深比尺 α_h 的选择。

（3）满足惯性力（包括弯道产生的离心惯性力）与重力比的相似（弗汝德准则），即

$$\alpha_{vx} = \alpha_{vy} = \alpha_v = \sqrt{\alpha_h} \tag{4-1}$$

（4）满足沿程阻力与重力比的相似，即

$$\alpha_\lambda = \frac{\alpha_h}{\alpha_1} = \alpha_I \tag{4-2}$$

或

$$\alpha_0 = \sqrt{\frac{\alpha_I}{\alpha_h}} = \sqrt{\frac{1}{\alpha_I}} \tag{4-3}$$

如要流速分布相似，则尚需

$$\alpha_\lambda = \alpha_v = \alpha_I = 1 \tag{4-4}$$

这就要求模型为 $\alpha_h = \alpha_1$ 的正态几何相似模型。可见所有变态模型最多只能做到二维（水平面上 X、Y 两个向度）前提下垂线平均流速的相似。注意，以上诸条件都是设河床为水力半径可以水深取代的宽浅形状而导出的。

二、底沙运动相似

我们首先关心的是冲刷条件相似，即原型在某一水流条件下床沙某粒径颗粒（例如中值粒径 d_{50} 的颗粒）如开始冲动，则模型在相应水流条件下相应粒径颗粒也恰应开始冲动。所谓水流条件可用下列两种参数之一表示，其一是水流对河床的切力 $\tau = \rho g h I$，其二是水流的垂线平均流速 v。实际上由于剪切流速 $v_* = \sqrt{\tau/\rho}$，而 v 与 v_* 又有固定关系，故两种表示方式的本质是一样的。为更便于与其他相似条件配合，同时也更直观些，我们将较多地从 v 的角度讨论问题。

设对于既定的床沙颗粒和水深，垂线平均流速达到某一特定值 v_k 时沙粒开始被冲动，据相似理论关于相似体系中同类量的比值应相等的原理，可写出下列条件

$$\left(\frac{v}{v_k}\right)_p = \left(\frac{v}{v_k}\right)_m = idem \tag{4-5}$$

式中　v——水流实有的垂线平均流速；

　　　v_k——一定水深下某粒径沙粒以垂线平均流速计的启动流速。

上式以比尺条件表示则为

$$\alpha_v = \alpha_{vk} \tag{4-6}$$

这一相似条件也可由底沙输沙率公式导出。因为一般以流速为参数的输沙率公式中大都是含有（$v-v_k$）因式和各项其他参变量的幂次乘积式，如承认这些公式能适用于原型和模型并据以推导底沙运动相似律的话，则必然得出式（4-6）的条件。这里没有这样做的道理在于免致读者误解为此条件乃由经验公式得出而缺乏普遍性。

事实上条件式（4-6）还可用反证法来说明。设想模型不满足此条件而有 $\alpha_v \neq \alpha_{vk}$，后果如何呢？这意味着当原型在水深 h_p 时垂线平均流速 $v_p = v_{k,p}$，使某粒径 d_p 的沙粒启动；而相应模型在水深 $h_m = \dfrac{h_p}{\alpha_h}$ 时，模型 $d_m = \dfrac{d_p}{\alpha_d}$ 的沙粒在 $v_m = \dfrac{v_p}{\alpha_v}$ 并非正好启动。这当然不能算是底沙运动相似的模型。

条件式（4-6）在模型设计中的重要性在于一定水深下启动流速 v_k 完全决定于床沙本身的物理力学性质，因而是选择模型沙床的主要依据。显然，如有关于 v_k 的正确的理论公式，可马上由此导出用于模型设计的具体条件。不过这里我们宁可先作必要的一般性讨论。从影响 v_k 的主要因素考虑，应有下列函数式

$$v_k = a f\left(\frac{r_s - r}{r}, g, d, h\right) \tag{4-7}$$

式中　r_s——沙粒重度；

　　　r——水重度；

　　　g——重力加速度；

　　　d——沙粒的粒径；

　　　h——水深。　.

除这些物理量外，其他次要因素（如水的黏滞性、沙粒相互间的薄膜水影响等）则设包含在系数 a 中，并总可处理为无因次数。如再令单位水深（$h=1$m）下的 v_k 为启动流速 v_{k1}，则有

$$v_{k1} = a f\left(\frac{r_s - r}{r}, g, d\right) \tag{4-8}$$

由此可知，当已知原型床沙的 $v_{k,p}$（或 $v_{k1,p}$），我们可以选择某种物理力学性质的模型床沙，使这些物理力学性质综合决定的 $v_{k,m}$（或 $v_{k1,m}$）满足式（4-6）；当然，不知 $v_{k,p}$（或 $v_{k1,p}$）而仅知原型床沙的有关物理力学性质也行，因为客观上原型床沙也有一定的关系式（4-7）或式（4-8）所表征的规律，即使不引用现有的任一启动流速公式，也可自行试验求得。

条件式（4-6）在河床演变方面的重要性在于可保证冲刷部位的相似。因为以几何相似和水流相似为前提的模型，再满足了这个条件，就以为原型某处水深和流速能使该处泥沙冲动，模型相应处相应的水深和流速也能冲动该处泥沙。不过对于 $\alpha_h \neq \alpha_1$ 的变态模型来说，就只能是以纵向而言有这种相似，即原型沿纵向某段如有冲刷，则模型该相应段也有冲刷。

那么又怎样保证底沙淤积部分相似呢？如以 v_h 表示沙粒止动流速（也以垂线平均流速计），按照与条件式（4-5）或式（4-6）类似的考虑，可得下列相似条件

$$\left(\frac{v}{v_h}\right)_p = \left(\frac{v}{v_h}\right)_m = idem \tag{4-9}$$

或

$$\alpha_v = \alpha_{vII} \tag{4-10}$$

止动流速的含义是，对于既定的粒径和水深条件下运动着的底沙颗粒，当垂线平均流速降到某一特定值时恰好停止运动，此垂线平均流速特征值即为该颗粒在该水深下的止动流速 v_h。如果说 v_k 是使沙粒由静到动的临界流速的话，则 v_h 是使沙粒由动到静的临界流速。

正如启动流速可用单位水深下的启动流速表示一样，也可取 1m 水深的止动流速 v_{h1}。试验研究成果表明，当沙粒不是很细（例如对天然沙来说粒径 $d > 0.2$mm）时，v_{h1} 略小于 v_{k1}，二者基本上成正比，而且数值上也极其相近，这使我们得到一个重要结论，即当原型沙和模型沙都不是极细颗粒时（底沙问题的原型和模型往往如此），启动流速相似是保证冲刷和淤积部分都能相似的基本条件。

除冲刷和淤积部分的相似条件外，为能从模型中得到相应某一过程后的冲刷和淤积量与原型相似，还必须有正确的冲淤时间比尺和输沙率比尺。设 p_0 为以体积（包括孔隙）表示的底沙单宽输沙率，z_0 为河底高程，则可写河床变形方程为

$$\frac{\partial p_0}{\partial x} + \frac{\partial z_0}{\partial t_1} = 0 \tag{4-11}$$

此式第一项乃输沙率沿程（x）变率，而第二项则为河床冲探或淤高随时间（t_1）的变率。根据此式可得以比尺关系式表达的相似条件

$$\alpha_{t1} = \frac{\alpha_l \alpha_h}{\alpha_{p0}} \tag{4-12}$$

如单宽输沙率以密实体积计写为 p，并设孔隙率为 ε，则因

$$p_0 = \frac{p}{1-\varepsilon} \tag{4-13}$$

故有

$$\alpha_{t1} = \frac{\alpha_{(1-\varepsilon)} \alpha_l \alpha_k}{\alpha_p} \tag{4-14}$$

如果模型床沙与原型床沙保持同一孔隙率 ε，则

$$\alpha_{t1} = \frac{\alpha_l \alpha_h}{\alpha_p} \tag{4-15}$$

又如单宽输沙率以重量计，写为 p_g（kg/s · m），并设淤沙干密度为 γ_0（kg/m³），则因 $p_g = p_0 \gamma_0$，故又可得

$$\alpha_{t1} = \frac{\alpha_{\gamma 0} \alpha_l \alpha_h}{\alpha_{pq}} \tag{4-16}$$

上述各种形式的冲淤时间比尺关系式本质都一样，使用时视需要取任一式均可。α_{t1} 是控制模型放水时间，保证冲刷或淤积量相似的重要比尺。回顾非恒定水流运动时间比尺为

$$\alpha_t = \frac{\alpha_l}{\alpha_v} \tag{4-17}$$

如让 α_t 与 α_{t1} 一致，即需式（4-12）和式（4-17）的右式彼此不等，从而

$$\alpha_{p0} = \alpha_h \alpha_v = \alpha_q \tag{4-18}$$

亦即以体积（包括孔隙）计的单宽输沙率比尺等于单宽流量比尺。同样，我们还可以写出以密实体积计和以重量计的单宽输沙率比尺为

$$\alpha_p = \alpha_{(1-\varepsilon)} \alpha_{p0} = \alpha_{(1-\varepsilon)} \alpha_q \tag{4-19}$$

$$\alpha_{pg} = \alpha_{r0} \alpha_{p0} = \alpha_{rs} \alpha_p = \alpha_{r0} \alpha_q = \alpha_{rs} \alpha_{(1-\varepsilon)} \alpha_q \tag{4-20}$$

如果模型沙与原型沙具有同样比重及淤沙孔隙率，则三种表现形式的单宽输沙率比尺完全等值，即有

$$\alpha_{p0} = \alpha_p = \alpha_{pg} = \alpha_q = \alpha_h^{3/2} \tag{4-21}$$

这里最后一个等式是满足水流费汝德准则前提下的结果。

上面讨论的一些底沙模型比尺关系式（亦即相似条件）是可为人们普遍接受的通用关系，但并不足用它们设计一个具体的底沙模型。实践中可能碰到的困难很多，比如：当我们用条件式（4-6）选择模型沙时，就需要有启动流速的具体公式，才能据以定出泥沙粒径比尺，而启动流速与粒径的关系也非简单的单调函数，粗粒沙与细粒沙有性质的差别，目前尚缺乏粗、细沙通用的严谨的启动流速理论公式；即使我们完全满足条件（4-6），选好了模型沙的比重和粒径级配，而这样的模型沙组成的模型河床是否能满足水流阻力相似条件式（4-3）仍是问题；模型沙的密度和粒径级配既是决定模型启动流速和河床阻力的因素，也是决定模型输沙率的因素，根据某一合适的输沙率公式，将能写出由流速比尺和粒径比尺组成的输沙率比尺，它未必能与前面基于冲淤时间比尺等于水流运动时间比尺而得到的输沙率比尺吻合，于是只好放弃式（4-17）表明的时间比尺，而导致"时间变态"；实际上从缩短模型放水时间的必要性出发，有时也不得不放弃水流运动时间比尺，而采用 $\alpha_{t1} > \alpha_t$ 作为时间比尺（比如一个 $\alpha_1 = 100$、$\alpha_v = 10$ 的动床模型，设按水流运动时间比尺 α_t 考虑，则原型一年的过程在模型中也得连续放水 36.5 天，费时太长），这也是非恒定流泥沙模型难以进行的原因。上述底沙模型可能碰到的种种困难与矛盾在模型设计中如何针对问题性质合理解决，后面再专节讨论。这里再扩大介绍一些从不同角度研究底沙运动相似的重要意见。

欧美一些学者，例如雅林（M. S. Yalin）认为恒定、均匀的水沙两相流动可用水的动力黏滞系数 u、水密度 ρ、沙粒径 d、沙密度 ρ_s、水力坡降 I、水深 h、重力加速度 g 共 7 个参量来描述。利用组合参数 $v_* = \sqrt{ghI}$ 和 $\gamma_s - \gamma = g(\rho_s - \rho)$，对 u，ρ，d，ρ_s，v_*，h，$r_s - r$ 这 7 个新参量进行因次分析，并考虑到 $u = \rho v$，最后得到水沙运动相似的四个准则为

$$X_1 = \frac{v_* d}{v} = idem \tag{4-22}$$

$$X_2 = \frac{v_*^2}{\left(\dfrac{\rho_s - \rho}{\rho}\right)} = idem \tag{4-23}$$

$$X_3 = \frac{h}{d} = idem \tag{4-24}$$

$$X_4 = \frac{\rho_q}{\rho} = idem \tag{4-25}$$

这里的 X_1 即我们在前章已使用过的一种雷诺数形式 Re_*，也称沙粒雷诺数；X_2 则是一种费汝德数形式，有的文献称之为沙粒密度弗汝德数而写为 $\rho Fr_*/(\rho_s-\rho)$ 或 $rFr_*/(r_s-r)$。

不难看出，在缩尺泥沙模型中要使其 X_1、X_2、X_3、X_4 都与相应原型参数同量，实际上是不可能的。只有根据问题性质决定主要应满足的准则，而至少放弃四者之一，模型才能设计出来。

按照希尔兹（A. Shields）及其后罗斯（H. Rouse）对泥沙启动规律的研究，考虑水流对床沙的切力（拖曳力）为 $\tau=\rho v_*^2$，则沙粒临界启动时的 X_2 即为 $\tau_c/(\gamma_s-\gamma)d$，据试验研究成果给出了所示的函数关系

$$\frac{\tau_0}{(\gamma_s-r)d}=\varphi\left(\frac{v_* d}{v}\right) \tag{4-26}$$

当 Re_*（即 $v_* d/v$）足够大（按雅林意见，界限值为 70～150）时，则 $\tau_c(r_s-r)d=\varphi(Re_*)$ 成为水平线，这时条件式（4-22）不再需要，按其余条件可得比尺关系

$$\alpha_d=\alpha_h \tag{4-27}$$

$$\alpha_{\rho s}=\alpha_\rho \tag{4-28}$$

$$\alpha_t=\alpha_{v*}=\alpha_d^{1/2}=\alpha_\lambda^{1/2} \tag{4-29}$$

$$\alpha_I=\frac{\alpha_1^{2*}}{\alpha_h}=1 \tag{4-30}$$

$$\alpha_1=\alpha_h \tag{4-31}$$

这就是说，此情况下的模型应是与原型完全几何相似的正态模型，模型沙应为与原型沙同密度的天然沙，且模型沙粒径也应由原型沙粒径按几何比尺缩小求得。可以想象，如果原型沙粒径足够大（例如原型沙为卵石），模型场地及水流条件也不受限制，我们就能设计出这种较理想的模型。

当原型沙粒径不太粗或模型尺寸受限制时，则往往放弃 X_3、X_4 的同量要求，而采用模型沙比重轻于原型沙比重、模型沙粒径大于原型沙粒径的泥沙模型，即所谓希尔兹法，此情况下主要比尺关系可根据 X_1 及 X_2 为同量推知

$$\alpha_d=\frac{1}{\alpha_{v*}} \tag{4-32}$$

$$\alpha_{(\rho_s-\rho)}=\frac{\alpha_{v*}^2}{\alpha_0} \tag{4-33}$$

从而又得

$$\alpha_d=\frac{1}{\sqrt[3]{\alpha_{(\rho_s-\rho)}}} \tag{4-34}$$

而且还有

$$\alpha_v=\alpha_{v*}=\sqrt{\alpha_h\alpha_I}=\frac{\alpha_h}{\sqrt{\alpha_t}} \tag{4-35}$$

进而又有

$$\alpha_I=\sqrt{\frac{\alpha_h}{\alpha_t}} \tag{4-36}$$

式（4-34）反映了对细颗粒沙要满足沙粒雷诺数和沙粒密度弗汝德数同量要求而导致的结果。当模型沙为轻质沙，$\alpha_{(\rho_s-\rho)}>1$ 时，则 $\alpha_d<1$，即模型沙粒径将大于原型沙粒径。

34

这一关系式也为其他研究泥沙模型律的学者，如爱因斯坦（H. A. Einstein）和钱宁以及苏联列维（N. N. JIebh）等人所提出。

列维通过因次分析，得到使床沙启动的临界剪切流速表达式为

$$v_{1*} = c \sqrt{g\left(\frac{\rho_s - \rho}{\rho}\right) d} \, f(Re_d) \tag{4-37}$$

其中括弧内的又一种沙粒雷诺数形式为

$$Re_d = \frac{d \sqrt{g\left(\frac{\rho_s - \rho}{\rho}\right) d}}{v} \tag{4-38}$$

实际上 Re_d 和 Re_* 成正比，即

$$Re_* = aRe_d$$

根据克诺罗斯（B. C. K$_{HOPO3}$）关于泥沙启动阻力系数 a 与 Re_d（或 Re_*）的实验资料，列维以 Re_d 表示的流态分区为：

当 $Re_d \geqslant 300$ 为粗糙区（自动模型区），相当于沙粒粒径 $d \geqslant 1.5mm$；

当 $Re_d < 50$ 为光滑区，相当于 $d < 0.5mm$；

当 $Re_d = 50 \sim 300$ 为过渡区，相当于 $d = 0.5 \sim 1.5mm$。

列维还指出，当河床底部有沙垅引起紊动增强时，则进入自动模型区的界限向 Re_d 较小值方向移动，大致在 $Re_d = 60 \sim 75$ 进入粗糙区。

据上所述，对于细粒沙的相似模拟，列维认为除应满足准则（4-5）外，还应附加满足的准则为

$$Re_d = \frac{d \sqrt{g\left(\frac{\rho_s - \rho}{\rho}\right) d}}{v} = idem \tag{4-39}$$

如据此准则写为比尺条件，则同样得到了式（4-34）。但是有些研究者对于比尺条件式（4-34）还是有不同意见的。李昌华将临界启动时剪切流速公式（4-37）写为

$$v_{k*} = c f(Re_d) \sqrt{g\left(\frac{\rho_s - \rho}{\rho}\right) d} = k \sqrt{g\left(\frac{\rho_s - \rho}{\rho}\right) d} \tag{4-40}$$

而对不同粒径沙粒在水流（$v = 0.01cm^2/s$）和甘油（$v = 0.1cm^2/s$）中分别实验，实测 k 与 Re_d 的关系，即为两条曲线，亦即同一 Re_d 并不能保证 k 为同量。据此李昌华认为泥沙模型中不必强调沙粒雷诺数同量要求，不必满足式（4-34）的比尺条件。但李昌华也没有明确指出，代替条件式（4-34）应用其他条件保证沙粒启动时的流态相似。

无论 Re_* 或 Re_d 的提出都非根据严谨的理论方程，试验说明式（4-39）并非完全严格的相似准则，而且这样的准则在实践中应用时也往往很难实现。但泥沙启动时的流态相似还是要保证的，按照目前认识，还是以尽量使模型流态属于自动模型区为原则。作为进入自动模型区的界限雷诺数也不必再引入 Re_d，用 Re_* 即可，而且可以和前章关于水流流态进入自动模型区的界限值适当统一起来。进入自动模型区时 $Re_d = 300$，相当 $Re_* = 50$，由此可知使模型流态位于自动模型区的条件可表示为

$$Re_{*m} = \frac{v_{*m} d_m}{v_m} \geqslant 50 \tag{4-41}$$

明渠水流模型流态位于自动模型区的条件是式（4-30），即

$$Re_{*m} = \frac{v_{*m} k_{gm}}{v_m} \geqslant 44.5$$

可见这两者是很接近的，因为由粒径 d 的均匀沙粒组成的河床，其粗糙恰为 $k_s = d$，而对于不均匀沙粒的河床也有 $k_d \approx d_{50}$。至于 50 与 44.5 之差完全在分析者对自动模型区（粗糙区）判别的容许误差之内。可以说实用时取 44.5 或取 50 均无不可。列维在考虑沙垄河床后把 Re_d 的要求从 300 降到 $60 \sim 75$，相应 Re_* 为 $10 \sim 12$，可称更粗略了。

三、悬沙运动相似

悬沙含沙量沿程（沿 x）变化和相应河床演变可以下列两个方程表示

$$\frac{\partial}{\partial x}(QS) = \beta \omega S_* B - \beta \omega SB \tag{4-42}$$

$$\frac{\partial}{\partial x}(QS) = \gamma_0 \frac{\partial z_0}{\partial t_z} = 0 \tag{4-43}$$

式中 S_*——水流挟悬沙能力（kg/m³）；

     S——实际水流含沙量（kg/m³）；

     ω——沙粒在静水中沉速，即水力粗度（m/s）；

     β——沙粒沉降概率；

     B——河床水面宽度（m）；

     z_0——河床底部高程（m）；

     Q——流量（m³/s）（$Q = Bhv$，这里 h 为断面平均水深，v 为断面平均流速）；

     γ_0——泥沙的淤积干容重（kg/m³）

     t_z——由悬沙运动引起的河床演变时间。

对式（4-42）中物理量引进相似常数（比尺）进行方程分析，得

$$\alpha_s = \alpha_{s*} \tag{4-44}$$

$$\alpha_\omega = \alpha_v \frac{\alpha_h}{\alpha_h \alpha_1} \tag{4-45}$$

在通常遇到的泥沙输移情况，沉降概率 β 在模型与原型中可视为大致相等，即 $\alpha_\beta \approx 1$，这样就有

$$\alpha_{t/2} = \alpha_v \frac{\alpha_h}{\alpha_l} \tag{4-46}$$

另外，对方程式（4-43）也进行方程分析，又可得

$$\alpha_{t2} = \frac{\alpha_\gamma \alpha_l}{\alpha_v \alpha_g} \tag{4-47}$$

所得式（4-44）为挟沙能力相似条件，式（4-44）或式（4-46）为悬沙沉降相似条件，而式（4-47）则为悬沙运动引起的河床冲淤时间比尺条件。这三者对于研究单纯悬沙淤积问题的模型设计已可供应用，即用条件式（4-46）选择模型沙，用条件式（4-44）控制模型进口加沙量，而用条件式（4-47）控制模型放水时间。应指出，式（4-47）与前面底沙冲淤时间比尺的几个表达式实际上是一致的。比如式（4-47）等号右边分子、分母同

乘 α_h，则因 $\alpha_h\alpha_v\alpha_s = \alpha_q\alpha_s = \alpha_{pq}$（这里角标 pq 表以重量计的悬沙单宽输沙率）；则得到与式（4-16）同样形式，当然，如单宽输沙率溢体积计也可化成式（4-12）或式（4-14）或式（4-15）等形式。

当所研究问题兼有冲刷和淤积两种现象时。用上面三个条件是不足以保证模型相似的。原则上讲，类似考虑底沙启动流速相似条件，悬沙应有扬动流速相似条件

$$\alpha_v = \alpha_{t_s} \tag{4-48}$$

这里 v_s 表示一定水深下河床上沙粒开始扬动的垂线平均流速。单位水深下的平均流速 v_s 则称扬动流速。

由于 v_s 的现有研究成果不如启动流速 v_k 的成果多，故以往模型实践中一般都未用条件式（4-48），则以条件式（4-6）代替，这已是不得已而求其次的办法。但即使如此，同时满足条件式（4-6）和式（4-46）的模型选择往往也是不容易做到的。

这里，我们还应讨论一下悬沙含沙量垂线分布相似条件。根据扩散理论，含沙量垂直方向（z 向）分布的微分方程为

$$\omega S + \varepsilon_S \frac{\mathrm{d}S}{\mathrm{d}z} = 0 \tag{4-49}$$

式中 ε_s——泥沙的紊动扩散系数；其余符号含义同前。

对方程式（4-49）各物理量引进相似常数进行方程分析可得

$$\alpha_\omega\alpha_S = \alpha_{\varepsilon_s}\frac{\alpha_s}{\alpha_g} \tag{4-50}$$

假定泥沙的紊动扩散系数等于水的紊动扩散系数，则令

$$\varepsilon_s = \frac{\tau_0}{\dfrac{\mathrm{d}u}{\mathrm{d}z}} \tag{4-51}$$

并引入普朗特（Prandlt）流速分布方程

$$\frac{\mathrm{d}u}{\mathrm{d}z} = \frac{v_{水}}{xz} \tag{4-52}$$

则得

$$\varepsilon_s = \frac{\tau_0 xz}{v_{水}} = \rho v_{水}\, xz \tag{4-53}$$

故有

$$\alpha_{g_s} = \alpha_\rho\alpha_{v_{水}}\alpha_* \alpha_h \tag{4-54}$$

以上诸式中 τ_0——水流对河床切应力；

u——各点流速；

x——卡门常数，对清水，$x=0.4$。

将式（4-54）代入式（4-50），并设 $\alpha_\rho=1$，$\alpha_*=1$，则得

$$\alpha_\omega = \alpha_{v_*} = \alpha_v \tag{4-55}$$

式（4-55）即为含沙量沿垂线分布相似的条件。我们在导出此条件时引进了普朗特流速分布方程，这意味着该方程能同时描述原型与模型，这实际上已经把流速分布相似作为基础了。故若要实现含沙量垂线分布相似，首先要流速垂线分布相似，即需满足阻力系数 λ 或谢才系数 C 在原型与模型同量的要求。显然，这在 $\alpha_h \neq \alpha_l$ 的变态模型中是难以做到

的。这一点，我们在对比条件式（4-46）和式（4-55）时可看出，在 $\alpha_h \neq \alpha_l$ 时使模型沙沉速 ω 同时满足这两个条件是矛盾的。但我们介绍条件式（4-55）的意义在于，某些特殊情况下，当研究问题的重点与含沙量垂线分布密切相关时，也可考虑即以条件式（4-55）为模型沙选择的主要条件，同时尽量使模型水流阻力相似。

四、异重流运动相似

异重流是指两种重度或密度有一定差异的流体发生分层相对运动的现象。自然界的异重现象很多，如冷暖空气对流，密度大的冷空气下切，暖空气上升；江河淡水流入海洋，比重较轻的淡水呈扇形扩散于海面等。人类生产活动也会造成异重流现象，如热电站（或核电站）排出的冷却水有较高的温度，进入河渠温度较低的水流中就可能形成温差异重流；又如建造水库后，上游挟有悬移质细沙的浑水进入水库的清水中，则可能潜入水库近底下层运动即挟沙异重流，这是我们在本节讨论的对象。挟沙异重流既能造成很大危害（如坝前淤积），但如掌握其规律，则可利用其挟大量泥沙沿有限高度一层运动的特征，对水库采取有效的淤积排沙措施，这正是对它进行试验研究的价值。

挟沙异重流是悬沙运动的一种特殊形式，要在特定的水、沙条件下才能产生。要在模型中预演或重现原型异重流现象，首先必须使发生条件相似。发生条件表现为：第一，含沙为细颗粒，粒径近于常数（据范家烨的研究，其 $d_{g0}=0.008 \sim 0.01\text{mm}$，$d_{g0}=0.002 \sim 0.003\text{mm}$）；第二，发生异重流的浑水水流特征以下列形式的费汝德数判别

$$F\gamma' = \frac{v}{\sqrt{\left(\dfrac{\gamma'-\gamma}{\gamma'}\right)gh}} = const \tag{4-56}$$

式中　v——异重流发生处垂线平均流速；

　　　h——异重流发生处水深（设为宽浅式河床）；

　　　γ'——浑水重度。

由于 γ' 与沙粒重度 γ_s、水重度 γ 及异重流含沙量 S 有关系

$$\gamma' = \gamma + \left(\frac{\gamma_s-\gamma}{\gamma_s}\right)S \tag{4-57}$$

故将此关系代入式（4-56）得到异重流发生条件为

$$F\gamma' = \frac{v}{\sqrt{\left(\dfrac{\gamma_s-\gamma}{\gamma_s\gamma}\right)Sgh}} = const \tag{4-58}$$

由上式可知异重流发生的相似准则为

$$Fr' = Fr'_p = idem \tag{4-59}$$

从而并可写比尺关系式（考虑到 $\alpha_r = 1$）为

$$\alpha_v = \frac{\sqrt{\alpha_{(\gamma_s-\gamma)}\alpha_S\alpha_h}}{\sqrt{\alpha_{\gamma_s}}} \tag{4-60}$$

如引进条件 $\alpha_v = \sqrt{\alpha_h}$，则得

$$\alpha_B = \frac{\alpha_{\gamma S}}{\alpha_{(\gamma_s-\gamma)}} \tag{4-61}$$

由此可知，异重流情况下的费汝德准则，较之一般清水流的区别在于增加了条件式（4-61）。

异重流的运动速度可类比明渠谢才公式写为

$$v' = C' \sqrt{\left(\frac{\gamma' - \gamma}{\gamma}\right) h' I'} = C' \sqrt{\left(\frac{\gamma_s - \gamma}{\gamma_s \gamma}\right) S h' I'} \tag{4-62}$$

式中 C'——异重流谢才系数；

h'——异重流厚度；

I'——异重流坡降。

由式（4-62）可写异重流运动阻力相似条件为

$$\alpha_{C'} = \frac{\alpha_v}{\sqrt{\dfrac{\alpha_{(\gamma_s - \gamma)} \alpha_S \alpha_h \alpha_I}{\alpha_{\gamma_s}}}} \tag{4-63}$$

如条件式（4-61）已满足，则将其引入上式，并考虑 $\alpha_v = \sqrt{\alpha_h}$ 以及 $\alpha_I = \alpha_h / \alpha_l$，则上式就简化为

$$\alpha_0' = \sqrt{\frac{\alpha_l}{\alpha_h}} = \alpha_0 \tag{4-64}$$

由此可见，异重流的沿程阻力相似，与一般水流的阻力相似比较，并无特殊要求，当然以条件式（4-61）满足为前提。但据有关试验资料和原型观测结果表明，在发生异重流的情况下，其阻力系数为常量，即 $\alpha_0' = 1$，这就使得用变态模型研究异重流不适宜了。

异重流既是一种悬沙运动，相应也有单宽输沙沿程变化及河床演变过程，方程形式依次为

$$\frac{\partial}{\partial x}(v' h' S) = \omega S \tag{4-65}$$

$$\frac{\partial}{\partial x}(v' h' S) + \gamma_0 \frac{\partial z_0}{\partial t_s} = 0 \tag{4-66}$$

对式（4-65）各物理量引进相似常数进行方程分析，得到异重流泥沙沉降淤积相似条件与悬沙情况下的条件式（4-46）无异，即

$$\alpha_\omega = \alpha_v \frac{\alpha_h}{\alpha_I}$$

而对式（4-66）进行方程分析所得异重流淤积时间比尺的关系式也与悬沙情况下形式无异，即有

$$\alpha_{t3} = \alpha_{t2} = \frac{\alpha_{\gamma_0} \alpha_l}{\alpha_v \alpha_S} \tag{4-67}$$

最后应当指出，对于异重流的阻力相似，当我们只考虑谢才系数 C' 的相似条件时实意味着不计黏滞力影响，为此，正如水流的相似一样，异重流的阻力相似，亦应加上最小雷诺数的限制。但这方面的研究还很不够。列维根据库尼西（H. M. Kyjiewb）关于阻力系数 λ' 的试验资料建议，作为初步近似，模型异重流雷诺数可取

$$Re_m' = \frac{q'}{v'} \geqslant 20000 \tag{4-68}$$

式中　q'——异重流单宽流量；

　　　v'——异重流运动黏滞系数。

综上所述，异重流模型应满足的条件包括式（4-61）、式（4-63）、式（4-64）、式（4-66）、式（4-67）、式（4-68），关键是式（4-61）。

第三节　模　型　沙

对研究泥沙问题的动床模型，模型沙的选择往往是模型设计的关键问题。所谓模型沙的选择，是指综合考虑问题性质、原型已知条件、模型几何比尺，以满足模型与原型的水、沙运动相似为目的，选定模型沙的材料、密度和颗粒级配。

本节先讨论一下模型沙常用材料的一般性质，并从水流阻力相似的角度阐述一下床沙与动床糙率的关系。至于根据问题的性质，由相似条件选择模型沙和进行模型设计的具体方法则分述于其后诸节。

一、模型沙的材料

模型沙选用什么材料与原型沙粗细、模型尺寸大小密切有关。一般来说，如原型沙粒径很粗，则模型沙有可能采用密度与原型沙密度一样而仅粒径缩小的天然沙，这自然是一种经济简便的理想情况；但当原型沙粒径较细时，如仍用天然沙作模型沙，则实现前节所要求的泥沙运动相似条件就会有困难，甚至不可能。例如以启动流速相似条件而言，由于泥沙的启动流速并非总是粒径越小而越小，因而当原型沙已属启动流速较小的细沙时，就会找不到一种可做模型沙的天然沙，使在模型相应更小的流速下启动。事实上天然沙粒径细到一定程度后，关于泥沙的理论与实践还大都立足于无黏性沙的基础上，故用颗粒很细的天然沙作模型沙来模拟本无黏性的原型沙总是不恰当的。在此情况下就不得不选用密度轻于天然沙的材料制作模型沙，使粒径不太细的模型沙能实现与原型的相似。

国内外泥沙模型实践中采用过的模型沙材料是多种多样的。表4-1列出各种模型沙材料的密度。兹根据我国近年来的实践经验，讨论一下几种轻质模型沙的优缺点和适用场合。

（1）木屑

木屑是一种密度很轻，来源丰富、价格低廉的模型沙材料。它的质地疏松，颗粒内部还有空隙，当在水中运动时空隙将饱和水分，故其运动湿密度或颗粒的干密度都不同。作为模型重要特性指标的沙粒密度 γ_s 就应取这个湿密度，这是异于其他材料的。

木屑的主要缺点是物理、化学性质都不够稳定。通常要浸泡在石灰水中脱脂后才能使用；浸泡保存时要经常换水，置空气中，常在温度湿度的影响下腐烂。

木屑经筛选后用沥青炒制可以防腐，即沥青木屑。如要适当加大密度，还可在炒制时掺加少量水泥。

木屑由于质轻易悬扬，主要用于悬沙模型，不适用于底沙模型。

材料名称	颗粒密度% (t/m²)	适用场合	备 注
琥珀粉	1.00～1.10	悬沙	
苯乙烯二乙烯苯共聚珠体	1.03～1.06	悬沙	离子交换树脂的中间产品，均匀圆球体
松香粉	1.07	悬沙	
木屑	1.07～1.16	悬沙	经石灰水浸泡或沥青炒制后使用
有机玻璃屑	1.19	悬沙	成分为甲基丙烯酸甲酯
褐煤屑	1.10～1.40	悬沙、底沙	经粉碎和球磨后使用
烟煤屑	1.20～1.50	悬沙、底沙	
聚氯乙烯屑	1.35～1.38	悬沙、底沙	
核桃壳屑	1.30～1.35	底沙	碱水脱脂、粉碎后使用
底炭粉	1.40	悬沙	经球磨后使用
电木屑	1.10～1.50	底沙、悬沙	经粉碎再加球磨后使用，粒径可粗可细
无烟煤屑	1.40～1.70	悬沙、底沙	经粉碎或球磨后使用
半灰粉	1.30～1.70	悬沙、底沙	氮肥焦煤粉末
煤灰	2.10～2.20	悬沙	火电厂燃煤灰烬，粒径 0.02mm 左右不可变
硅屑	2.40	底沙、悬沙	
天然沙	2.60～2.70	底沙、悬沙	
雷石粉	2.80	悬沙、底沙	

（2）煤屑

煤屑也是一种容易得到的廉价的模型沙材料。随着其种类（褐煤、烟煤、无烟煤等）和产地不同，比重可在较大范围内变化，以适应不同要求的模型。

煤屑的物理、化学性质较木屑稳定，但如模型沙须维持包括粗细颗粒的不变粒径级配时，煤屑也不够理想。

煤屑较常用于模拟悬沙，比重较大的煤屑也可用于底沙模型。

（3）煤灰、半焦粉

煤灰是火电厂燃煤的灰烬，来源丰富，价格低廉。其特点是颗粒很细而密度相对较大，物理化学性质也较稳定，常用于悬沙模型。缺点是粒径不便随意调节。

类似煤灰还有半焦粉，也是适用于悬沙模型的一种轻质沙。它是氮肥厂焦砟的粉末，颗粒也很细，密度则一般轻于煤灰。

（4）核桃壳屑、桃核屑

核桃壳屑是用副食品企业破取核桃仁时弃置的碎壳再粉碎加工而成的一种的模型沙。这种核桃屑的密度适中，粒径也有一定调配范围，较适于底沙模型。使用这种模型沙要先以碱水对其进行脱脂处理，并经长时间泡水后，才能获得稳定的化学性质。

类似核桃壳屑，桃核屑（一般桃核粉碎而成）也曾用作模型沙。

（5）各种高分子材料的轻质沙

各种高分子材料（聚苯乙烯、聚氯乙烯、有机玻璃、酚醛塑料）制成的轻质沙在现代泥沙模型中得到广泛应用。我国泥沙模型实践中使用过的比重最轻的模型沙就是一种化学成分为苯乙烯二乙烯苯的共聚珠体（制造离子交换树脂的中间产品），其外形接近圆球，白色半透明，物理化学性能稳定，在水中不溶解、不膨胀，并有良好的绝缘性能。这种材料密度接近于水，所以在水中极易悬扬，故主要用于要求启动流速极小的泥沙模型中。

另一种应用较成功的轻质沙是通称为电木屑的酚醛塑料沙，一般电器工厂弃置的电木废品通过粉碎（或再加球磨）而成。据本章作者的实践经验，这是一种值得推荐的模型沙。优点是：①密度适中，模拟底沙、悬沙均可，既能以不太细的粒径获致较小的运动的特征值以实现启动、沉降或悬扬相似，又避免太轻的模型沙所具有的试验过程中操作困难的缺点；②易于调节粒径级配，可模拟粒径级配范围很广的原型沙；③酚醛塑料的物理化学性质相当稳定，试验过程中时干时湿，气温高低都无明显影响，可长期重复使用；④电木屑用作模型沙，不但粒径粗细易通过粉碎、球磨来调节，其多角形的颗粒形状也与原形沙较接近，从而提高了相似程度。

二、模型沙与动床阻力

挟沙水流的河床是变化着的动床，因此其对水流阻力的影响与一般定床不同。这时床面的粗糙度既与泥沙粒径有关，也与可能形成的沙波有关，而沙波形态又与水流速度有关，也与流态有关，从而使问题复杂化。

根据曼宁流速公式，我们知道

$$n\sqrt{g} = \frac{\sqrt{gRI}}{v}R^{1/5} \tag{4-69}$$

而由因次分析可知，$n\sqrt{g}$ 的因次是长度的 1/6 次方，如果长度量取泥沙粒 d，则 $n\sqrt{g}$ 应与 $d^{1/5}$ 成正比。故可写

$$n = Ad^{1/5} \tag{4-70}$$

当 d 以毫米计时，上式中常数 A 按 1923 年斯托里克建议为 0.015，而按 1939 年张有龄建议为 0.0166。

式（4-70）对于平整河床紊流区粗粒泥沙较符合实际，而细粒泥沙河床的糙率即与泥沙的组合特征有关，特别是由于沙波产生使糙率变化幅度很大。

从各种不同粒径泥沙的动床糙率变化范围中可以看出，泥沙的粒径较细，糙率的变化范围越大。从对水流阻力的角度看，沙波可分为有滚与无滚两种类型。

有滚型沙波，特点是床面泥沙运动速度一般小于水流速度，在沙波的背水面形成一个底滚，要消耗一部分能量，从而增加的阻力。阻力的大小与沙波的形状、高低有关。这种沙波常发生在缓流水流中，又称缓流型沙波。

据上述可知，即使同一粒径的泥沙，在不同水流条件下就能形成不同类型的水流沙波，从而阻力也就不同。比如西门斯（D. B. Simons）和理查森（E. V. Richardson）曾用 $d=0.28$mm 的天然沙做过试验，发现动床糙率变化规律与水流含沙量无关，而主要决定于不同流态所产生的沙波类型。当水流弗汝德数 $Fr=0.17$ 时，平床无沙波，糙率 $n=0.016$；当 $Fr=0.17\sim0.44$ 时发生有滚型沙波，$n=0.013\sim0.022$；当 $Fr=0.55\sim1.70$ 时发生无滚型沙波，$n=0.020\sim0.027$。

由此可见，要在选择模型沙时就通过一定的粒径使阻力相似实际上是很难做到的。作为初步估计的公式，可据式（4-70）采用糙率比尺

$$\alpha_n = \alpha_d^{1/5} \tag{4-71}$$

而较好的办法是对由其他条件初步选定的模型沙进行水槽预备试验，实测模型在各种放水条件下实有糙率，判断其是否满足要求。最终的模型阻力相似问题则应由模型制成铺沙后放水验证水面线来衡量。

应当指出的是，为使模型放水后阻力相似不满足的问题有一定的补救措施，在模型设计和模型沙选择时，宁可使模型河床糙率偏小些，因为糙率小了尚可适当加糙，而糙率大了很难再减糙。不过要注意，河床贴石子加糙法在动床模型中一般行不通，只能采取水中加糙、水面加糙或边壁加糙等法。国内各泥沙模型采用过河床上插小杆、水中拉铅丝等措施加糙。还有的研究单位认为底沙运动相似时沙波形态也相似，以控制沙波形态来代替加糙。

三、细粒模型沙应用的有关问题

悬沙模型中为满足沉降相似条件式（4-46）而选择模型沙时，其粒径往往极细，这就带来一系列问题，主要变现为两方面：其一是具有显著黏性的细颗粒在水中浮游时会出现絮凝现象，即粒径本身称为不稳定的数值；其二是具有显著黏性的细颗粒沉降淤积后可能发生板结现象，这就根本失去了在沉降相似的同时实现扬动（启动）相似的可能性，即模型泥沙运动成为单向沉淤，和有冲有淤的实际情况不符。这正是很多模型采用几何变态或采用轻质模型沙的原因之一。采用变态后，$\alpha_h < \alpha_l$，从而据式（4-46）可知 α_ω 也较小，亦即模型沙的沉速可比正态模型大一些；采用轻质沙后，则为达到某一沉速值而需的粒径也较天然沙大一些。尽管如此，当原型河流中悬沙粒径本已很细（通常如此），即使用变态模型或轻质模型沙，也仍有困难。特别是对窄深式河流或水利枢纽附近的河流进行试验研究时，需尽量采用正态模型，极细颗粒的模型沙更是在所难免，困难就更大些。我国一些科研单位，为使用细粒模型沙而解决其絮凝问题，曾采用过一些措施。

由于絮凝现象在相当程度上是一种电化学作用，因而和水中钙镁离子含量有关，控制水中钙镁离子含量于稳定，则悬移泥沙的粒径级配也能稳定。武汉水利电力学院等单位在葛洲坝工程的泥沙模型试验时就采取了这一种措施。该模型为 1/200 的正态模型，使用中值粒径 0.01mm 和密度 2.62g/cm³ 的白土粉（成分为黏土矿物中的蒙托土）作模型沙，而采用在水中加入少量 $CaCl_2$ 使钙镁离子调节至某一定量比例的办法，实现悬沙粒径的稳定。

采用煤灰作模型沙，采取在水中加反凝剂——六偏磷酸钠 $(NaPO_3)_6$ 的办法来解决絮凝问题，效果较好。加入 $(NaPO_3)_6$ 后，对细颗粒的絮凝起分散作用，平均沉速比不加反凝剂的情况要显著减小，从而能满足沉降相似的要求。

上述两种办法，也只是解决单纯悬沙淤积问题的模型试验可以考虑试用，但不能解决板结问题，而且加反凝剂后还会加剧板结现象。所以在某些情况下，泥沙模型工作者对有冲有淤的泥沙问题不得不采取分两步走的近似处理办法，即先做悬沙淤积试验，得到淤积地形后，再另选扬动或启动相似的模型床沙材料，铺成淤积地形，再在其上放水做冲刷试验。

第五章 泥沙淤积数学模型计算方法

一、水流数学模型的有限差分法

1. 定解问题及定解条件

在数学物理问题中，常把物理过程按一定的物理规律写成微分方程的形式加以描述。这样，如果一个函数具有该方程所需要的各阶连续导数，并代入该方程中能使它变为恒等式，则此函数就称之为该方程的解。由于每一物理过程都处在特定的条件之下，所以求出的解也是该方程适合某些特定条件的解。初始条件与边界条件合称为定解条件。某个偏微分方程和相应的定解条件结合在一起，就成了一个定解问题。

所谓初始条件就是用以说明某一具体物理过程初始状态的条件。所谓边界条件是用以说明某一具体物理过程中受约束的条件。初始条件包括函数的初始条件和函数导数的初始条件。

边界条件从数学角度来看有以下三种类型：

① 在边界上直接给出了未知函数的数值，即

$$u \mid_s = f_1 \tag{5-1}$$

这种形式的边界条件称为第一类边界条件；

② 在边界上给出了未知函数 u 沿 s 的外法线方向导数，即

$$\frac{\partial u}{\partial n}\bigg|_s = f_2 \tag{5-2}$$

这种边界条件称为第二类边界条件；

③ 在边界 s 上给出了未知函数 μ 及其沿 s 的外法线导数某种线性组合值，如

$$\left(\frac{\partial u}{\partial n} + \sigma u\right)\bigg|_s = f_3 \tag{5-3}$$

这种形式的边界条件称为第三类边界条件。

不论哪一类型边界条件，当它的数学表达式中自由项 f_1、f_2、f_3 恒为零时，均称为齐次边界条件，否则为非齐次边界条件。

2. 有限差分近似

1）发展方向

描写随时间变化的物理过程的数学方程叫作发展方程，如描写热传递、对流扩散以及湍流等运动的数学物理方程都是发展方程。对于与时间无关的定常问题，在物理上往往反映一个平衡态，它可以看成是一个非定常过程在无限长时间后的渐近状态。

发展方程可以分成两大类：一类问题与扩散相关的，如热传递、浓度扩散、涡耗散

等，它们具有抛物型方程的特点；另一类是与波动和波传播相关的，如弦振动、水波等，它们具有双曲型方程的特点。

对于复杂运动，这两种性质兼而有之。因此对上述两类方程的讨论有助于对一般方程的讨论。

2）模型方程

以对流扩散方程为例。一维对流扩散方程有以下两种形式：

守恒型：

$$\frac{\partial u}{\partial t} + a\frac{\partial u}{\partial x} = d\frac{\partial^2 u}{\partial x^2} \tag{5-4}$$

非守恒型：

$$\frac{\partial u}{\partial t} + a\frac{\partial u}{\partial x} = \alpha\frac{\partial^2 u}{\partial x^2} \tag{5-5}$$

① 当 $\alpha = 0$，方程式（5-5）变为纯对流方程

$$\frac{\partial u}{\partial t} + a\frac{\partial u}{\partial x} = 0 \tag{5-6}$$

② 当 $a = u$，方程式（5-5）变为非线性对流扩散方程（Burgers）

$$\frac{\partial u}{\partial t} + u\frac{\partial u}{\partial x} = \alpha\frac{\partial^2 u}{\partial x^2} \tag{5-7}$$

③ 当方程式（5-5）右端扩散项改为 ku，变为对流反映型方程

$$\frac{\partial u}{\partial t} + a\frac{\partial u}{\partial x} = ku \tag{5-8}$$

3）有限差分网格

在 $x-t$ 空间上方程的解域，由在 x 和 t 方向上分别为 Δx 和 Δt 的矩形网格所覆盖。域内的网格由两组分别平行于坐标轴 $x-t$ 的直线所组成

$$x = x_j \quad (j = 0, 1, 2, \cdots)$$
$$t = t_n \quad (n = 0, 1, 2, \cdots)$$

其中 $x_j = jx$，$t_n = nt$。

所谓有限差分就是确定方程的解在这两组平行直线相交点上的近似值。这些坐标为 (x_j, t_n) 的点称为网点（或结点），简单地表示成 (j, n)，相应定义在这些点上的函数和导数记作 u_j^n、$\left.\frac{\partial u}{\partial t}\right|_j^n$ 和 $\left.\frac{\partial u}{\partial x}\right|_j^n$。

4）偏导数的有限差分近似

根据 Taylor 级数展开，在网点 (j, n) 上的函数 $u(x, t)$ 可展开为

$$u(x_j + \Delta x, t_n) = \sum_{m=0}^{\infty} \frac{(\Delta x)^m}{m!} \frac{\partial^m u(x_j, t_n)}{\partial x^m} \tag{5-9}$$

即

$$u_{j+1}^n = \sum_{m=0}^{\infty} \frac{(\Delta x)^m}{m!} \left.\frac{\partial^m u}{\partial x^m}\right|_j^n = u_j^n + \Delta x \left.\frac{\partial u}{\partial x}\right|_j^n + \frac{\Delta x^2}{2!}\left.\frac{\partial^2 u}{\partial x^2}\right|_j^n + \frac{\Delta x^3}{3!}\left.\frac{\partial^3 u}{\partial x^3}\right|_j^n + \cdots \tag{5-10}$$

类似地

$$u(x_j, t_n + \Delta t) = \sum_{m=0}^{\infty} \frac{\Delta t^m}{m!} \frac{\partial^m u(x_j, t_n)}{\partial t^m} \tag{5-11}$$

即

$$u_j^{n+1} = \sum_{m=0}^{\infty} \frac{\Delta t^m}{m!} \frac{\partial^m u}{\partial t^m}\bigg|_j^n = u_j^n + \Delta t \frac{\partial u}{\partial t}\bigg|_j^n + \cdots \tag{5-12}$$

在实际使用 Taylor 展开式时，可以在任何项处截断，如

$$u_j^{n+1} = u_j^n + \Delta x \frac{\partial u}{\partial x}\bigg|_j^n + \frac{(\Delta x)^2}{2!} \frac{\partial^2 u}{\partial x}\bigg|_j^n + o[(\Delta x)^3]$$

该式表示在第三项后截断，$o[(\Delta x)^3]$ 表示当 $\Delta x \to 0$ 时，$o[(\Delta x)^3] \to 0$，即 $o[(\Delta x)^3]$ 是 Δx 的高阶无穷小量，称 $o[(\Delta x)^3]$ 为截断误差。通常，取展开式右边两项，即

$$u_{j+1}^n = u_j^n + \Delta x \frac{\partial u}{\partial x}\bigg|_j^n + o[(\Delta x)^2] \tag{5-13}$$

因此微商

$$\frac{\partial u}{\partial x}\bigg|_j^n = \frac{u_{j+1}^n - u_j^n}{\Delta x} + o(\Delta x) \tag{5-14}$$

可进一步写成

$$\frac{\partial u}{\partial x}\bigg|_j^n = \frac{n_{j+1}^n - u_j^n}{\Delta x} \tag{5-15}$$

误差为 $o(\Delta x)$ 称为向前差分；

$$\frac{\partial u}{\partial x}\bigg|_j^n = \frac{n_j^n - u_{j-1}^n}{\Delta x} \tag{5-16a}$$

称为向后差分，误差与向前差分相同。

此外，若写成

$$\frac{\partial u}{\partial x}\bigg|_j^n = \frac{u_{j+1}^n - u_{j-1}^n}{2\Delta x} \tag{5-16b}$$

称为中心差分。

5）差分方程

所谓差分方程就是将不同差分形式代入方程中并变换其导数值，得到的方程称为差分方程。根据时间数项的不同差分格式，可分为显格式和隐格式。下面以对流方程为例予以说明。

对流方程为

$$\frac{\partial u}{\partial t} + a \frac{\partial u}{\partial x} = 0 \tag{5-17}$$

① 取 $\frac{\partial u}{\partial t} = \frac{u_j^{n+1} - u_j^n}{\Delta t}$，$\frac{\partial u}{\partial x} = \frac{u_j^n - u_{j-1}^n}{\Delta x}$，则方程式（5-17）的差分方程为

$$\frac{u_j^{n+1} - u_j^n}{\Delta t} + a \frac{u_j^n - u_{j-1}^n}{\Delta x} = 0,$$

即

$$u_j^{n+1} = u_j^n - a \frac{\Delta t}{\Delta x}(u_j^n - u_{j-1}^n) \tag{5-18}$$

46

令 $a\dfrac{\Delta t}{\Delta x}=\lambda$，得

$$u_j^{n+1} = u_j^n - \lambda(u_j^n - u_{j-1}^n) = (1-\lambda)u_j^n + \lambda u_{j-1}^n \tag{5-19}$$

② 取 $\dfrac{\partial u}{\partial t}=\dfrac{u_j^{n+1}-u_j^n}{\Delta t}$，$\dfrac{\partial u}{\partial x}=\dfrac{u_{j+1}^n-u_j^n}{\Delta x}$，则差分方程为

$$\frac{u_j^{n+1}-u_j^n}{\Delta t} + a\frac{u_{j+1}^n - u_j^n}{\Delta x} = 0$$

即

$$u_j^{n+1} = u_j^n - a\frac{\Delta t}{\Delta x}(u_{j+1}^n - u_j^n) \tag{5-20}$$

或

$$u_j^{n+1} = (1+\lambda)u_j^n - \lambda u_j^{n+1} \tag{5-21}$$

③ 取 $\dfrac{\partial u}{\partial t}=\dfrac{u_j^{n+1}-u_j^n}{\Delta t}$，$\dfrac{\partial u}{\partial x}=\dfrac{u_{j+1}^n-u_{j-1}^n}{2\Delta x}$，则差分方程为

$$\frac{u_j^{n+1}-u_j^n}{\Delta t} + a\frac{u_{j+1}^n - u_{j-1}^n}{2\Delta x} = 0$$

即

$$u_j^{n+1} = u_j^n - a\frac{\Delta t}{\Delta x}(u_j^{n+1} - u_{j-1}^n) \tag{5-22}$$

或

$$n_j^{n+1} = u_j^n = \frac{\lambda}{2}(u_{j+1}^n - u_{j-1}^n) \tag{5-23}$$

以上三种差分方程都称为显格式，对于 $n+1$ 时刻的值可直接由 n 时刻的已知值进行计算。

④ 取 $\dfrac{\partial u}{\partial t}=\dfrac{u_j^{n+1}-u_j^n}{\Delta t}$，$\dfrac{\partial u}{\partial x}=\dfrac{u_j^{n+1}-u_{j-1}^{n+1}}{\Delta x}$，则差分方程为

$$\frac{u_j^{n+1}-u_j^n}{\Delta t} + a\frac{u_j^{n+1} - u_{j-1}^{n+1}}{\Delta x} = 0$$

即

$$u_j^{n+1} = u_j^n - \lambda(u_j^{n+1} - u_{j-1}^{n+1}) \tag{5-24}$$

差分方程式（5-24）称为隐格式，在计算时与显格式不同，$n+1$ 时刻的 u 值，不仅要利用一直 n 时刻的 u 值，而且还要用到相邻点 $j-1$ 的 $n+1$ 时刻的 u 值，因此无法直接从方程中解出，必须同时列出包含 $j-1$ 点的差分方程方能求解。因此隐格式的差分方程是列出 $n+1$ 时刻线上所有点的方程，构成一个线性（或非线性）的代数方程组进行求解。

3. 差分方程组的数值解

以扩散模型方程

$$\frac{\partial u}{\partial t} = \alpha\frac{\partial^2 u}{\partial x^2} \tag{5-25}$$

为例，讨论差分方程的数值解。

方程式（5-25）的差分方程为

$$\frac{u_j^{n+1} - u_j^n}{\Delta t} = \alpha \frac{u_{j+1}^n - 2u_j^n + u_{j-1}^n}{\Delta x^2} \tag{5-26}$$

设 $S = \alpha \dfrac{\Delta t}{(\Delta x)^2}$，上式可写成

$$u_j^{n+1} = Su_{j-1}^n + (1-2S)u_j^n + Su_{j+1}^n \tag{5-27}$$

通过差分方程式（5-27）就可求得扩散方程式（5-23）的数值解，$\alpha = 10^{-2}$，初始条件和边界条件分别为

$$\left. \begin{aligned} u\,|_{t=0} &= 0(0 < x < 1) \\ u\,|_{x=0} &= 1(t > 0) \\ u\,|_{x=0} &= 1(t > 0) \end{aligned} \right\} \tag{5-28}$$

这样根据经验，空间步长 $\Delta x = 0.1$ 时，问题有合理的数值解。

4. 有限差分方程的数值分析基础

在没有讨论差分方程的重要概念之前，首先必须确定所讨论的偏微分方程的初值或边值问题是否适定。所谓适定是指解必须存在、唯一，而且连续依赖于所给定的数据，亦即是方程的解对给定的初值是唯一的，并且对于初始值的任何微小变化，方程的解也只有微小的变化。这种方程称为适定的发展方程。

在适定条件下，用差分方程近似偏微分方程并求方程的数值解必须考虑以下三个问题。

问题一：差分方程的选择问题。

首先考虑选择怎样的差分格式才能使相应的差分方程收敛于微分方程。换句话说差分方程和微分方程之间的截断误差在任一时刻任一网点上是否趋近于零。如果截断误差在空间网点趋近于零，则称差分方程和微分方程是相容的。

问题二：差分方程在计算过程中的稳定性问题。

这是数值解中一个极其重要的问题。在用计算机做数值计算时，由于计算机只能使用有限的数字进行计算，因而就会产生舍入误差。如果随着计算时间的延续，舍入误差能控制在一定的优先范围内，甚至逐渐消失；或者随计算时间的推延，舍入误差不断增长，这就关系到所求得的数值解是否有意义，此即是差分方程的稳定性问题。

问题三：差分方程解和偏微分方程解的关系问题。

差分方程是将微分方程中的连续变量转化为离散量，亦即由连续的 $X-t$ 空间转换成离散的网格空间，而求解差分方程就是要考察在网点上系统的各种状态量。差分方程离散与求解的成功与否，就涉及差分方程的解是否收敛于微分方程的解，这就是差分方程的收敛问题。以下分别对此三个问题作一论述。

（1）相容性

差分方程与微分方程称之为相容，仅当空间网格趋于零时，在解域的每一点上差分方程趋近于微分方程。

将偏微分方程表示成算子形式

$$Lu = 0$$

其中 L 为微分算子，u 为微分方程的数值解。

若将相应的差分方程表示成

$$D\bar{u} = 0$$

当 $\Delta t = 0$ 时，$\Delta x \to 0$，$D\bar{u} \to Lu$，即两方程的截断误差在任一网点上均趋于零，亦即差分方程和微分方程是相容的。

设 ε_j^n 表示在网点（$n\Delta t$，$j\Delta x$）上的截断误差，则有

$$D\bar{u}_j^n - Lu_j^n = \varepsilon_j^n \tag{5-29}$$

现 u_j^n 是微分方程 $Lu = 0$ 的精确解，即 $Lu_j^n = 0$，因此根据相容性要求 $\varepsilon_j^n \to 0$，故需

$$Du_j^n = \varepsilon_j^n \to 0$$

也即当 $\Delta tj \to 0$，$\Delta x \to 0$ 时，$D\bar{u}_j^n \to 0$。

考虑扩散模型方程

$$\frac{\partial u}{\partial t} = \alpha \frac{\partial^2 u}{\partial x^2} \tag{5-30}$$

$$u_j^{n+1} = Su_{j-1}^n + (1-2S)u_j^n + Su_{j+1}^n \tag{5-31}$$

其中 $S = \alpha \dfrac{\Delta t}{(\Delta x)^2}$。

现令 $\Delta x = h$，$\Delta t = k$，利用 Taylor 展开式

$$u_j^{n+1} = u_j^n + k \left.\frac{\partial u}{\partial t}\right|_j^n + \frac{k^2}{2} \left.\frac{\partial^2 u}{\partial t^2}\right|_j^n + \frac{k^3}{6} \left.\frac{\partial^3 u}{\partial t^3}\right|_j^n + \cdots$$

$$u_{j+1}^n = u_j^n + h \left.\frac{\partial u}{\partial x}\right|_j^n + \frac{h^2}{2} \left.\frac{\partial^2 u}{\partial x^2}\right|_j^n + \frac{h^3}{6} \left.\frac{\partial^3 u}{\partial x^3}\right|_j^n + \cdots$$

$$u_{j-1}^n = u_j^n - h \left.\frac{\partial u}{\partial x}\right|_j^n + \frac{h^2}{2} \left.\frac{\partial^2 u}{\partial x^2}\right|_j^n - \frac{h^3}{6} \left.\frac{\partial^3 u}{\partial x^3}\right|_j^n + \cdots$$

代入式（5-31）得

$$u_j^n + k \left.\frac{\partial u}{\partial t}\right|_j^n + \frac{k^2}{2} \left.\frac{\partial^2 u}{\partial t^2}\right|_j^n + \frac{k^3}{6} \left.\frac{\partial^3 u}{\partial t^3}\right|_j^n + \cdots$$

$$= S\left(u_j^n - h \left.\frac{\partial u}{\partial t}\right|_j^n + \frac{h^2}{2} \left.\frac{\partial^2 u}{\partial x^2}\right|_j^n - \frac{h^3}{6} \left.\frac{\partial^3 u}{\partial x^3}\right|_j^n + \cdots\right) + (1-2S)u_j^n$$

$$+ S\left(u_j^n + h \left.\frac{\partial u}{\partial x}\right|_j^n + \frac{h^2}{2} \left.\frac{\partial^2 u}{\partial x^2}\right|_j^n + \frac{h^3}{6} \left.\frac{\partial^3 u}{\partial x^3}\right|_j^n + \cdots\right) \tag{5-32}$$

化简后可得

$$\left.\frac{\partial u}{\partial t}\right|_j^n = \alpha \left.\frac{\partial^2 u}{\partial x^2}\right|_j^n + E_j^n \tag{5-33}$$

其中 $E_j^n = -\dfrac{k}{2} \left.\dfrac{\partial^2 u}{\partial t^2}\right|_j^n + \dfrac{\alpha h^2}{12} \left.\dfrac{\partial^4 u}{\partial x^4}\right|_j^n + o\{k^2, h^4\}$ 是差分方程与扩散方程的差，称作截断误差。显然，当空间网格取得愈小，则在固定点（x，t）的截断误差亦愈小，亦即 $k \to 0$，$h \to 0$，有限差分方程等价于微分方程，这一性质称之为相容性。

对于以上差分方程式（5-31）近似于扩散方程，显然 $E_j^n \to 0$，故是相容的。不过，由于 u 满足扩散方程，它亦满足方程

49

$$\frac{\partial}{\partial t}\left(\frac{\partial u}{\partial t}\right) = \frac{\partial}{\partial t}\left(\alpha\frac{\partial^2 u}{\partial x^2}\right) = \alpha\frac{\partial^2}{\partial x^2}\left(\frac{\partial u}{\partial t}\right) = \alpha\frac{\partial^2}{\partial x^2}\left(\alpha\frac{\partial^2 u}{\partial x^2}\right)$$

或

$$\frac{\partial^2 u}{\partial t^2} = \alpha^2\frac{\partial^4 u}{\partial x^4} \tag{5-34}$$

所以截断误差又可表示成

$$E_j^n = \frac{\alpha h^2}{2}\left(S - \frac{1}{6}\right)\frac{\partial^4 u}{\partial x^4}\Big|_j^n + o\{k^2, h^4\}$$

如果 $S = \frac{1}{6}$，则上式的第一项消失，截断误差为 $o\{k^2, h^4\}$。或者说，固定 S，误差为 $o\{k^2, h^4\}$，这时，截断误差趋近于零的速度较其他 S 值为快。所以，当 $S = \frac{1}{6}$ 时差分方程的解趋近于扩散方程的解，较之 $S \leqslant 1$ 其他值为快。

显然，研究差分方程的解是否收敛于偏微分方程的解，必须考虑相容性，但此并非为充分条件。因为即使差分方程可能等价于偏微分方程，但当网格趋近于零时，并不能保证差分方程的解一定逼近于偏微分方程的解，为此必须进一步研究其他两个性质。

(2) 稳定性

在数值计算中，如果每个数值可以使用无限位小数进行运算，则有限差分方程可以求得精确解。但在实际中，计算机只能用有限位小数进行计算，因而在每步计算中必须要引入"舍入"误差，这样差分方程求得的解不是精确解 u_j^{n+1}，而是 $\tilde{u}_j^{n+1}$。$\tilde{u}_j^{n+1}$ 称为方程的数值解。如果这种"舍入"误差的累积量是可以忽略的，则称有限差分方程是稳定的。明确地说，在考虑网点 $(j\Delta x, n\Delta t)$ 上的误差

$$\varepsilon_j^n = u_j^n - \tilde{u}_j^n$$

时，若假定 $|\varepsilon_j^n| < \delta$（$\delta$ 为正数），当 $\delta \to 0$ 时，$|\varepsilon_j^{n+1}|$ 的最大值有界或趋向于零，则称有限差分方程是稳定的。亦即说，数值解和精确解并不随着计算时间数的增大而成指数形式增加。如果误差不随 n 的增大而成指数增加，并且仍保持着初始误差的线性关系，那么通常它们在数值计算上是容许的，因为较之精确的差分解 u_j^n 要小得多。

通常由于在网格点上的误差分布是任意的，因此不可能确定数值误差 $(u_j^n - \tilde{u}_j^n)$ 的精确值。但是可以通过某种标准方法作出误差估计。下面将做这方面的讨论，可以看到数值解的精度较之估计的为高。这是因为在做稳定性分析时，往往是假定个别误差的最坏可能组合情况，譬如，对所有误差的分布假定是同号的，因而总的效果是相加，但实际计算中往往有正有负，可以相互抵消。

同时，还可以看到稳定性并不涉及差分方程和偏微分方程解之间的差异。这种差异是离散误差，是属于收敛性所研究的问题。因此，稳定性只考虑有限差方方程解的计算问题。

1) 稳定性分析的方法

稳定性分析的方法有离散干扰稳定性分析、矩阵稳定性分析和 Von Neumaun 稳定性分析。下面仍以扩散方程为例说明这三种方法的应用。

设方程式（5-31）有数值近似解，则

$$\tilde{u}_j^{n+1} = u_j^n - \varepsilon_j^{n+1} \tag{5-35a}$$

$$\tilde{u}_{j-1}^n = u_{j-1}^n - \varepsilon_{j-1}^n \tag{5-35b}$$

$$\tilde{u}_j^n = u_j^n - \varepsilon_j^n \tag{5-35c}$$

$$\tilde{u}_{j+1}^n = u_{j+1}^n = \varepsilon_{j+1}^n \tag{5-35d}$$

容易证明，对于线性有限差分方程的解 u 相应的误差项亦满足奇次有限差分方程。例如，求方程式（5-31）的解，意味着利用已知的 $\tilde{u}_{j-1}^n$、$\tilde{u}_j^n$ 和 $\tilde{u}_{j+1}^n$ 计算 $\tilde{u}_j^{n+1}$，所以

$$\tilde{u}_j^{n+1} = S(\tilde{u}_{j-1}^n) + (1-2S)(\tilde{u}_j^n) + S(\tilde{u}_{j+1}^n) \tag{5-36}$$

将方程式（5-35）代入方程式（5-36）并利用 u 时方程式（5-36）的精确数值解得奇次差分方程

$$\varepsilon_j^{n+1} = S\varepsilon_{j-1}^n + (1-2S)\varepsilon_j^n + S\varepsilon_{j+1}^n \tag{5-37}$$

（1）离散干扰稳定性分析

在此方法中，对任意网格点 (j, n) 上确定的 μ_j^n 引入有限差分格式的具体干扰或误差 ε，它将对以后差分方程解的计算产生影响，而稳定性所意味的是这种干扰最终将消失。现仍考虑差分方程式（5-36），其误差所满足的方程为式（5-37）。对于某 $(n-1)$ 时刻所有网格上 $\tilde{u}_j^{n-1}$ 的误差均为零，而在 n 时刻除一点外其余点上 $\tilde{u}_j^n$ 的误差亦为零。现通过考虑在此点上引入的误差是无限制增加还是逐渐消失判断格式是否稳定。

（2）矩阵稳定性分析法

矩阵法是求解域内误差分析的严格处理方法。分析的过程是将控制方程式（5-37）表示成矩阵形式，然后研究矩阵的特征值。

利用式（5-37），边值误差为零，即

$$\xi_0^n = 0, \xi_j^n = 0(n=1,2,\cdots,j=J-1) \tag{5-38}$$

得到

$$\left.\begin{array}{l} \xi_1^{n+1} = (1-2S)\xi_1^n + S\xi_2^n \\ \xi_2^{n+1} = S\xi_1^n + (1-2S)\xi_2^n + S\xi_3^n \\ \xi_3^{n+1} = \qquad S\xi_2^n + (1-S)\xi_3^n + S\xi_4^n \\ \vdots \qquad\qquad \vdots \\ \xi_{j-1}^{n+1} = \qquad\qquad\qquad\qquad S\xi_{j-2}^n \end{array}\right\} \tag{5-39}$$

方程式（5-39）表示成矩阵形式

$$\tilde{\xi}^{n+1} = A\tilde{\xi}^n (n=1,2,3,\cdots)$$

其中 A 是 $(J-1)$ 阶矩阵，并且 $\tilde{\xi}^n$ 是长度 $(J-1)$ 的向量。由下式定义

$$A = \begin{bmatrix} 1-2S & S & 0 & \cdots & 0 \\ S & 1-2S & S & & \\ \vdots & & \vdots & & S \\ 0 & \cdots & 0 & S & (1-2S) \end{bmatrix}, \bar{\xi}_n = \begin{bmatrix} \xi_1^n \\ \xi_2^n \\ \vdots \\ \xi_3^n \end{bmatrix} \tag{5-40}$$

假设 A 的 $(J-1)$ 个特征值为 $\lambda_m(m=1,2,\cdots,J-1)$，互不相同，因此根据特征向量定义，对应 $(J-1)$ 特征向量 γ_m 满足关系式

$$A\gamma_m = \lambda_m\gamma_m \tag{5-41}$$

由于 λ_m 是相异的，因此特征向量 γ_m 组成一线性无关组，使初始误差向量 ξ^1 能唯一表示成特征向量，即可以写成

$$\xi_1 = \sum_{m=1}^{J-1} C_m \gamma_m \tag{5-42}$$

其中 C_m 为常量，它们是可以通过求 $(J-1)$ 个线性方程的解而得到，即

$$\begin{bmatrix} \xi_1^1 \\ \xi_2^1 \\ \vdots \\ \xi_{J-1}^1 \end{bmatrix} = C_1 \begin{bmatrix} \gamma_{1,1} \\ \gamma_{1,2} \\ \vdots \\ \gamma_{1,J-1} \end{bmatrix} + \cdots\cdots C_{J-1} \begin{bmatrix} \gamma_{J-1,1} \\ \gamma_{J-1,2} \\ \vdots \\ \gamma_{J-1,J-1} \end{bmatrix} \tag{5-43}$$

运用方程式（5-39），取 $n=1$，得到

$$\tilde{\xi}^2 = A\tilde{\xi}^1 = \sum_{m=1}^{J-1} C_m(A\gamma_m) = \sum_{m=1}^{J-1} \lambda_m C_m \gamma_m$$

取 $n=2$，可得到

$$\tilde{\xi}^3 = A\tilde{\xi}^2 = \sum_{m=1}^{J-1} \lambda_m C_m(A\gamma_m) = \sum_{m=1}^{J-1} (\lambda_m)^2 C_m \gamma_m$$

依此类推，直至

$$\tilde{\xi}^{n+1} = \sum_{m=1}^{J-1} (\lambda_m)^n C_m \gamma_m \tag{5-44}$$

有上式知，当 n 增大时，有

$$|\lambda_m| \leqslant 1 (m = 1, 2, \cdots, J-1) \tag{5-45}$$

则误差是有界的。

现若给出特征值公式

$$\lambda_m = b + 2\sqrt{ac}\cos\left(\frac{m\pi}{m+1}\right)(m = 1, 2, \cdots, M) \tag{5-46}$$

则对应的 M 阶三对角矩阵

$$B = \begin{bmatrix} b & c & 0 & \cdots & 0 \\ a & b & c & 0 & \vdots \\ 0 & & \vdots & & 0 \\ \vdots & & a & b & c \\ 0 & \cdots & 0 & a & b \end{bmatrix}$$

λ_m 满足特征方程 $|B-\lambda I| = 0$。

根据以上的公式矩阵 A 的特征值为

$$\lambda_m = (1-2S) + 2S\cos(m\pi/J)$$

化简可得

$$\lambda_m = 1 - 4S\sin^2(m\pi/2J) \tag{5-47}$$

利用稳定条件式（5-45），对 S 只允许满足

$$|1 - 4S\sin^2(m\pi/2J)| \leqslant 1$$

即

$$-1 < 1 - 4S\sin^2(m\pi/2J) \leqslant 1 \tag{5-48}$$

上式中右边不等式对于所有的 M 和 S 都满足，而左边不等式

$$4S\sin^2(m\pi/2J) \leqslant 2$$

即

$$Ssin^2(m\pi/2J) \leqslant \frac{1}{2}$$

必须 $S \leqslant \frac{1}{2}$，故当 $S \leqslant \frac{1}{2}$ 时，式（5-49）方能成立。所以有限差分方程对 $S \leqslant \frac{1}{2}$ 是稳定的。

必须指出，若特征值 λ_m 相同时，则对应的特征向量 λ_m 不可能组成线性无关组。在这种情况下，方程（5-42）对于任意初始误差向量 ξ^0 不成立，即无解。因此当 A 有相同特征向量时，只有在方程式（5-42）有解，才可以有矩阵方程分析稳定性。

（3）Von Neumann 稳定性分析

Von Neumann 法是一种常用的稳定性分析方法。此方法亦称为 Fourier 级数方法，是 Von Neumann 于 1944 年提出的，以后很快推广并应用于差分稳定性分析中。1950 年，O'Brien 对此方法做了全面的论述。

此方法是将某一时刻分布在网格上的误差按 Fourier 级数展开，然后考虑下一时刻各网格点上误差的 Fourier 分量是衰减还是增加，以判断差分方程是否稳定。具体步骤是首先将初始误差向量 ξ^0 表示为有限 Fourier 级数复数形式，即在 $\chi = j\Delta\chi$ 处可表示为

$$\xi_j^0 = \sum_{m=1}^{J-1} \rho_m e^{i(m\pi j \Delta\chi)}$$

其中 $i = \sqrt{-1}$。令 $\beta_m = m\pi\Delta\chi$，有可写成

$$\varepsilon_j^0 = \sum_{m=1}^{J-1} \rho_m e^{i\beta_m j} \quad (j = 1, 2, \cdots, J) \tag{5-49}$$

由于现在所研究的有限差分方程是线性的，因此方程式（5-37）可以作为误差传播的控制方程，并且只需通过 Fourier 级数表达式（5-49）中的单项 $e^{i\beta_m j}$ 就可以对误差传播作出充分研究。这里可以假设 ρ_m 和 β_m 为常量。因此可以省略下标 m。如果误差方程式（5-37）的解表示成变量分离形式，即

$$\xi_j^n = \rho^n e^{i\beta j}$$

其中 ρ^n 是依赖于时间的 Fourier 量，是 ρ 的 n 次幂。

现将 n 时刻的第 m 个误差的 Fourier 分量代入误差方程式（5-37），从而得到第 $n+1$ 时刻的 Fourier 分量：

$$\rho^{n+1} e^{i\beta j} = S\rho^n e^{i\beta(j-1)} + (1-2S)\rho^n e^{i\beta j} + S\rho^n e^{i\beta(j+1)}$$

将上式两边除以 $\rho^n e^{i\beta j}$，得到

$$G = \frac{\rho^{n+1}}{\rho^n} = Se^{-i\beta} + (1-2S) + Se^{i\beta} \tag{5-50}$$

由于 $\frac{\xi_j^{n+1}}{\xi_j^n} = G$，因此称 G 为第 m 个 Fourier 误差分布量的放大因子（或传播因子），利用 $e^{i\beta} = \cos\beta + i\sin\beta$，式（5-50）又可以表示为

$$G = S\cos\beta - i\sin\beta + 1 - 2S\cos\beta + iS\sin\beta$$
$$= 1 - 2S + 2S\cos\beta$$
$$= 1 - 4S\sin^2\left(\frac{\beta}{2}\right)$$

这里的 G 是 S 和 β 的函数，即 $G=G\ (S,\ \beta)$。根据式（5-50）不难知道，若 G 的绝对值（$|G|$ 称为放大率）对于所有的 Fourier 量不大于 1，亦即对于所有的 β，有

$$|G| \leqslant 1 \tag{5-51}$$

此即稳定性的条件。

注意，一般情况下放大因子 G 是一个复数，而且计算有某一时刻到下一时刻时误差的第 m 个 Fourier 分量是其振幅乘以 $|G|$，它的相位增加 $\arg\ (G)$。

由于式（5-50），可以清楚地看到，对于每个 β，放大因子的值是不一样的。所以根据式（5-51），有限差分方程式（5-31）稳定条件为

$$\left| 1-4S\sin^2\left(\frac{\beta}{2}\right) \right| \leqslant 1 \quad \text{或} \quad -1 \leqslant 1-4S\sin^2\left(\frac{\beta}{2}\right) \leqslant 1$$

对任意的 β，右边不等式对于任意的 S 和 β 是成立的，可是左边不等式要求

$$S\sin^2\left(\frac{\beta}{2}\right) \leqslant \frac{1}{2}$$

亦即要求

$$S \leqslant \frac{1}{2}$$

这一结论和前述两种方法（离散干扰法和矩阵法）是相同的。Von Neumann 分析法是判断稳定性的一个极其通用的方法。她不仅仅应用简单，而且非常直观和可靠。可惜的是，它同矩阵法一样，只能用于建立关于常系数的线性初始问题的稳定充要条件。在实际问题中，凡属于变系数、非线性以及复杂边界的情况只能局部应用，如完全非线性差分方程在解域的一小部分进行了线性化，其系数可以认为是常量，在这局部范围中方法所建立的条件应该说是成立的，即对整个解域未必成立。正因为 Von Neumann 法能局部提供内点有用的稳定信息，故而在边界处亦能提供有用的边界信息。

2）差分格式的收敛性

（1）收敛性

差分方程的解收敛于给定的偏微分方程的解是指在求解域中每个网格点上的有限差解。当网格点空间（$\Delta\chi$ 和 Δt）趋近于零时，无限趋近于偏微分方程的解，因而设 μ_j^{-n} 是扩散模型方程

$$\frac{\partial\mu}{\partial t} = \alpha\frac{\partial^2\mu}{\partial\chi^2} \tag{5-52}$$

在点（χ_*，t_*）处的精确解，而 μ_j^n 是对应差分方程

$$\mu_j^{n+1} = S\mu_{j-1}^n + (1-2S)\mu_j^n + S\mu_{j-1}^n \tag{5-53}$$

的精确解，则有限差分解称之为收敛是指：对于 $j\Delta\chi=X$，和 $n\Delta t=t_*$，当 $\Delta\chi\rightarrow 0$ 和 $\Delta t\rightarrow 0$ 时，有 $\mu_j^n\rightarrow\mu_j^{-n}$。

偏微分方程的解和有限差分方程的解的差称之为离散误差，以 ε_j^n 表示，即

$$\varepsilon_j^n = \mu_j^{-n} - \mu_j^n$$

有限差分方程的精确解是指无任何类型的数值误差 ε_j^n 依赖于网络空间 $\Delta\chi$ 和 Δt 的大小以及省去的高阶导数，例如用差分方法求方程式（5-52）的解，经整理后得到

$$\mu_j^{n+1} = S\mu_{j-1}^{-n} + (1+2S)\mu_j^{-n} + S\mu_{j+1}^{-n} + o\{(\Delta t)^2, \Delta t(\Delta \chi)^2\} \tag{5-54}$$

上式与式（5-53）比较，显然误差项 $o\{\Delta tS^2, \Delta t(\Delta \chi)^2\}$ 是由 n 时刻到（$n+1$）时刻计算过程中分配给 ε_j^{n+1} 的离散误差引起的，但必须注意到这种分配是于带有 $(\Delta t)^2$ 和 $\Delta t(\Delta \chi)^2$ 的高阶导数的大小有关。

（2）扩散方程与差分方程精确解的比较

进一步分析与研究扩散方程与差分方程精确解之间的关系，才能对收敛性有正确的了解。为此考虑两者的解都能求得的特殊情况。例如，设方程式（5-52）的初始条件和边界条件分别为

$$\left.\begin{array}{l} \bar{\mu}(\chi,0) = f(\chi) = A\sin m\pi\chi, (0 \leqslant \chi \leqslant 1) \\ \bar{\mu}(0,t) = 0, \qquad (t \geqslant 0) \\ \bar{\mu}(1,t) = 0, \qquad (t \geqslant 0) \\ f(\chi) = A\sin \pi\chi \\ f(\chi) = A\sin 2\pi\chi \end{array}\right\} \tag{5-55}$$

则不能得到方程的精确解为

$$\bar{\mu}(\chi,t) = A\sin m\pi\chi \exp(-\alpha m^2\pi^2 t) \tag{5-56}$$

而有限差分方程式（5-53）的精确解为

$$\mu_j^n = A\left\{1 - 4S\sin\left(m\pi\frac{\Delta\chi}{2}\right)\right\}^n \sin(m\pi j\Delta\chi) \tag{5-57}$$

这可以分别将解式（5-56）和式（5-57）结合初始边界条件式（5-55）代入式（5-52）和式（5-53）而得到验证。

不论 m 取什么值，式（5-57）表明，当 t 增加时，$\bar{\mu}$ 是减小的。不过，当 $S \geqslant \frac{1}{2}$ 时，对于满足

$$1 - 4S\sin^2\left(m\pi\frac{\Delta\chi}{2}\right) < -1 \tag{5-58}$$

的 m 的有些值使得当 n 增加时，μ_j^n 按指数增加。显然在此情况下，网格点（j，n）处得到 μ_j^n 的值与扩散方程在此点的解略为相似。

对于 $S < \frac{1}{2}$，在此例中离散误差是在点（$j\Delta\chi$，$n\Delta t$）处计算式（5-56），即

$$\bar{\mu}_j^n = A\sin(m\pi j\Delta\chi)\exp(-\alpha m^2\pi^2 n\Delta t) \tag{5-59a}$$

和式（5-57）之间的差。

对于 $S < \frac{1}{2}$ 时，由于 $4S\sin^2\left(m\pi\frac{\Delta\chi}{2}\right) < 1$，所以式（5-57）可展开如下

$$\mu_j^n = A\sin(m\pi j\Delta\chi)\exp\left\{n\ln\left[1 - 4\sin^2\left(m\pi\frac{\Delta\chi}{2}\right)\right]\right\}$$

$$= A\sin(m\pi j\Delta\chi)\exp n\left\{-4S\sin^2\left(m\pi\frac{\Delta\chi}{2}\right) - 8S^2\sin^4\left(m\pi\frac{\Delta\chi}{2}\right) - \frac{64}{3}S^3\sin^6\left(m\pi\frac{\Delta\chi}{2}\right) - \cdots\right\}$$

此外，由于

$$\sin^2\left(m\pi\frac{\Delta\chi}{2}\right) = \frac{1}{2}[1 - \cos(m\pi\Delta\chi)]$$

$$= m^2 \pi^2 \frac{(\Delta\chi)^2}{4} - m^4 \pi^4 \frac{(\Delta\chi)^4}{48} + o\{(\Delta\chi)^6\}$$

当固定 S 和 m 时，则 μ_j^n 可以表示为

$$\mu_j^n = A\sin(m\pi j\Delta\chi)\exp[-\alpha m^2\pi^2 n\Delta t - \alpha m^4\pi^4 n\Delta t\cdots(\Delta\chi)^2 + o\{(\Delta\chi)^4\}] \quad (5\text{-}59b)$$

将式（5-60a，b）代入 $\varepsilon_j^n = \bar{\mu}_j^n - u_j^n$，得到离散误差

$$\varepsilon_j^n = A\sin(m\pi j\Delta\chi)\exp(-\alpha m^2\pi^2 n\Delta t)$$

$$\times \left[1 - \exp\left\{-\alpha m^4\pi^4(\Delta\chi)^2 n\Delta t\left(S - \frac{1}{6}\right) + o\{(\Delta\chi)^4\}\right\}\right] \quad (5\text{-}60)$$

所以，当时间步数 n 变为足够大直至

$$\exp\left\{\frac{1}{2}\alpha m^4\pi^4(\Delta\chi)^2 n\Delta t\left(S - \frac{1}{6}\right) + o\{(\Delta\chi)^4\}\right\}$$

接近于 1 时，近似式（5-57）将非常精确。显然，若取 $S = \frac{1}{6}$，则得到特别精确的结果。

(3) 扩散方程的差分方法收敛性的证明

在实际计算中，给定的偏微分方程以及对应的差分方程在给定的初始和边界条件下式极难求得精确解的。于此情况下，变通的方法是检验在网格点 (j, n) 处的离散误差 ε_j^n，并且证明当 $\Delta\chi \to 0$ 和 $\Delta t \to 0$ 时，$|\varepsilon_j^n|$ 是有界的。将

$$\mu_j^n = \bar{\mu}_j^n - \varepsilon_j^n \quad (5\text{-}61)$$

代入方程式（5-36）得

$$\varepsilon_j^{n+1} = S\varepsilon_{j-1}^n + (1-2S)\varepsilon_j^n + S\varepsilon_{j+1}^n + \bar{\mu}_j^{n+1} - \bar{\mu}_j^n - S\{\bar{\mu}_{j+1}^n + \bar{\mu}_{j-1}^n - 2\bar{\mu}_j^n\} \quad (5\text{-}62)$$

利用截断的 Taylor 展开式，将 $\bar{\mu}_j^{n+1}$、$\bar{\mu}_{j-1}^n$ 和 $\bar{\mu}_{j-1}^n$ 在网格点 (j, n) 处展开，并将余项表示成 Lagrange 余项，则得

$$\bar{\mu}_{j+1}^n = \bar{\mu}_j^n + \Delta\chi\left.\frac{\partial\bar{\mu}}{\partial\chi}\right|_j^n + \frac{(\Delta\chi)^2}{2!}\left.\frac{\partial^2\bar{\mu}}{\partial^2\chi^2}\right|_j^n + \theta_1$$

$$\bar{\mu}_{j-1}^n = \bar{\mu}_j^n + \Delta\chi\left.\frac{\partial\bar{\mu}}{\partial\chi}\right|_j^n + \frac{(\Delta\chi)^2}{2!}\left.\frac{\partial^2\bar{\mu}}{\partial^2\chi^2}\right|_j^n - \theta_2$$

$$\bar{\mu}_j^{n+1} = \bar{\mu}_j^n + \Delta t\left.\frac{\partial\bar{\mu}}{\partial t}\right|_j^{n+\theta_3}$$

其中 $0<\theta_1<1$，$0<\theta_2<1$，$0<\theta_3<1$。

将以上展开式代入方程式（5-62）得

$$\varepsilon_j^{n+1} = S\varepsilon_{j-1}^n + (1-2S)\varepsilon_j^n + \varepsilon_j^{n+1} + \Delta t\left.\frac{\partial\bar{\mu}}{\partial t}\right|_j^{n+\theta_3} - \frac{S(\Delta\chi)^2}{2}\left\{\left.\frac{\partial^2\bar{\mu}}{\partial^2\chi}\right|_{j+\theta_1}^n + \left.\frac{\partial^2\bar{\mu}}{\partial^2\chi}\right|_{j-\theta_2}^n\right\}$$

$$(5\text{-}63)$$

若 $S \leqslant \frac{1}{2}$，则 $1-2S \geqslant 0$，并且在任何实际问题中，由于 $\Delta t > 0$ 和 $\alpha > 0$，所以 $S = \frac{2\Delta t}{(\Delta x)^2} > 0$ 方程（5-63）式可以写成

$$|\varepsilon_{\max}^n| \leqslant S|\varepsilon_{j-1}^n| + (1-2S)\varepsilon_j^n| + S|\varepsilon_{j+1}^n| + \Delta t\left|\left.\frac{\partial\bar{u}}{\partial t}\right|_j^{n+\theta^3} - \frac{\alpha}{2}\left\{\left.\frac{\partial^2\bar{u}}{\partial x^2}\right|_{j+\theta_1}^n + \left.\frac{\partial^2\bar{u}}{\partial x^2}\right|_{j-\theta_2}^n\right\}\right.$$

$$(5\text{-}64)$$

令　$M=\max\left[\left|\frac{\partial \bar{u}}{\partial t}\right|_{j}^{n+\theta_3}-\frac{\alpha}{2}\left(\left.\frac{\partial^2 \bar{u}}{\partial x^2}\right|_{j+\theta_1}^{n}+\left.\frac{\partial^2 \bar{u}}{\partial x^2}\right|_{j-\theta_2}^{n}\right)\right]$　$(1\leqslant j\leqslant J-1,\ 0\leqslant n\leqslant N-1)$

当 $t_N=N\Delta t$ 是所考虑的最终时间步数，并令

$$\varepsilon_{\max}^{n}=\max_{1\leqslant j\leqslant J-1}\left|\varepsilon_j^n\right|$$

即 $\varepsilon_{\max}^n$ 为离散误差在网格点内点和 n 时刻的绝对值，因而式（5-64）变为

$$\left|\varepsilon_j^{n+1}\right|\leqslant S\varepsilon_{\max}^n+(1-2S)\varepsilon_{\max}^n+S\varepsilon_{\max}^n+M\Delta t$$

或

$$\left|\varepsilon_j^{n+1}\right|\leqslant \varepsilon_{\max}^n+M\Delta t$$

所以又可写成

$$\varepsilon_j^{n+1}\leqslant \varepsilon_{\max}^n+M\Delta t$$

对任何 $j\leqslant J-1$，重复利用上式，令 $n=N-1$，可得

$$\varepsilon_{\max}^{N}\leqslant \varepsilon_{\max}^0+NM\Delta t \tag{5-65}$$

但是，由于初值是已知的精确值，因此无初始误差，即 $\varepsilon_{\max}^0=0$。从而得到

$$\varepsilon_{\max}^{N}\leqslant Mt_N$$

对于固定 S，$\bar{u}_j^n$ 为扩散方程的精确解，现当 $\Delta x\rightarrow 0$，$\Delta t=\dfrac{S(\Delta x)^2}{\alpha}\rightarrow 0$，又有

$$M\rightarrow \max\left|\frac{\partial \bar{u}}{\partial t}\right|_{j}^{n}-\alpha\left.\frac{\partial^2 \bar{u}}{\partial x^2}\right|_{j}^{n}\rightarrow 0 \quad (1\leqslant j\leqslant J-1,0\leqslant n\leqslant N-1)$$

故而证明了当 $\Delta x\rightarrow 0$，固定 N 且 $0<S\leqslant\frac{1}{2}$ 时，有

$$\left|\varepsilon_j^n\right|\rightarrow 0$$

所以当网格变细，并且 $S\leqslant\frac{1}{2}$ 时，有限差分方程式（5-37）的解收敛于给定的扩散方程式（5-31）的精确解。

遗憾的是，当所论证的方程较之扩散方程稍微复杂时，此方法就难应用，所以收敛性的论证在理论上是较为困难的。

3）Lax 等价定理

关于差分方程的解趋近于微分方程精确解的收敛性问题相对于差分格式的稳定性问题要复杂得多，因此在 1956 年至 1957 年期间有 Lax 和 Richtmyer 提出了具有使用意义的等价原理。

定理：对于一个与线性偏微分方程相容的适定的初值问题的差分格式，稳定性是差分方程解收敛于微分方程解的充分必要条件。

这里要强调定理应用的条件：

（1）初始问题必须是适定的，次条件即要求偏微分方程的解应当连续依赖于给定的初始条件；

（2）定理仅仅适用于线性微分方程，因为只有线性方程的误差才能按已给的偏微分方程的齐次形式传播（必须注意，对非线性问题至今尚未得到与此定理相当的定理）；

（3）定理虽然仅仅指初值问题，但在某些附加假设条件下可以推广应用到初边值混合问题。

5. 几种常用的差分格式及其稳定性分析

下面介绍几个发展方程常用的差分格式及其稳定性分析。

一维发展方程模式为

$$\frac{\partial u}{\partial t} + a\frac{\partial u}{\partial x} = v\frac{\partial^2 u}{\partial x^2} \tag{5-66}$$

式中，a，$v>0$，$a\dfrac{\partial u}{\partial x}$为对流项，$v\dfrac{\partial^2 u}{\partial x^2}$为拓展项。这一方程为一维对流扩散方程。

1）扩散方程的几种差分格式

方程形式为

$$\frac{\partial u}{\partial t} = v\frac{\partial^2 u}{\partial x^2} \tag{5-67}$$

（1）FTCS 差分格式

$$u_j^{n+1} = \sigma u_{j+1}^n + (1-2\sigma)u_j^n + \sigma u_{j-1}^n \tag{5-68}$$

稳定条件为

$$\sigma \leqslant \frac{1}{2}$$

其中 $\sigma = \dfrac{v\Delta t}{\Delta x^2}$。

（2）BTCS 差分格式

即时间后向空间中心的格式，为

$$\frac{u_j^{n+1} - u_j^n}{\Delta t} = v\frac{u_{j+1}^{n+1} - 2u_j^{n+1} + u_{j-1}^{n+1}}{\Delta x^2} \tag{5-69}$$

或写为

$$\sigma u_{j+1}^{n+1} - (1+2\sigma)u_j^{n+1} + \sigma u_{j-1}^{n+1} = u_j^n \tag{5-70}$$

列出其误差方程，用傅氏展开式代入，不难得到

$$\rho_k^{n+1}\left[-1 - 4\sigma\sin^2\left(\frac{k\Delta x}{2}\right)\right] = \rho_k^n$$

于是

$$G(k,\Delta x) = -\frac{1}{1 + 4\sigma\sin^2\left(\dfrac{k\Delta x}{2}\right)} \tag{5-71}$$

显然 $|G(k,\Delta x)| \leqslant 1$，故式（5-69）无条件稳定。

（3）Grank-nicolson 差分格式

这是上述两种格式的组合，即

$$\frac{u_j^{n+1} - u_j^n}{\Delta t} = \frac{v}{2}\left[\frac{u_{j-1}^{n+1} - 2u_j^{n+1} + u_{j-1}^{n+1}}{\Delta x^2} + \frac{u_{j-1}^n - 2u_j^n + u_{j-1}^n}{\Delta x^2}\right] \tag{5-72}$$

经分析，它是无条件稳定的。

一种更为广泛的组合是

$$\frac{u_j^{n+1} - u_j^n}{\Delta t} = v\left[\theta\frac{u_{j-1}^{n+1} - 2u_j^{n+1} + u_{j-1}^{n+1}}{\Delta x^2} + (1-\theta)\frac{u_{j-1}^n - 2u_j^n + u_{j-1}^n}{\Delta x^2}\right] \tag{5-73}$$

它称作混合格式，其放大因子为

$$G(k,\Delta x)=\left|\frac{1-4(1-\theta)\sigma\sin^2\left(\frac{k\Delta x}{2}\right)}{1+4\theta\sigma\sin^2\left(\frac{k\Delta x}{2}\right)}\right| \tag{5-74}$$

稳定条件为

$$\begin{cases} \theta>\dfrac{1}{2} & \text{无条件稳定} \\[2mm] \theta<\dfrac{1}{2} & 0<\sigma\leqslant\dfrac{1}{2-4\theta} \end{cases} \tag{5-75}$$

稳定利用泰勒公式，由式（5-73）可以得到

$$u_j^{n+1}-u_j^n-\sigma\mid\theta(u_{j-1}^{n+1}-2u_j^{n+1}+u_{j-1}^{n+1})+(1-\theta)(u_{j-1}^n-2u_j^n+u_{j-1}^n)\mid$$

$$=\frac{1}{2}\left\{\Delta t^2v^2(1-2\theta)-\frac{v\Delta t\Delta x^2}{6}\right\}\left(\frac{\partial^4 u}{\partial x^4}\right)_j^n+\sigma(\Delta t\Delta x^2,\Delta t^3,\Delta t^2,\Delta x^2)$$

可见一般情况下格式具有 $\Delta t\Delta x^2$ 量级的截断误差。但若取

$$\theta=\frac{1}{2}-\frac{2}{12\sigma}=\frac{1}{2}\left(1-\frac{1}{6\sigma}\right) \tag{5-76}$$

则有比较高阶的截断误差，于是人们得到一种新的差分格式

$$\frac{u_j^{n+1}-u_j^n}{\Delta t}=\frac{v}{2}\left[\left(1-\frac{1}{6\sigma}\right)(u_{j-1}^{n+1}-2u_j^{n+1}+u_{j-1}^{n+1})+\left(1+\frac{1}{6\sigma}\right)(u_{j-1}^n-2u_j^n+u_{j-1}^n)\right]$$

$$\tag{5-77}$$

这是一种无条件稳定的差分格式，又叫 Mitchell-Fairweather 差分格式。

（4）DuFort-Frankel 格式

如果在空间和时间方面都取中心差分格式，人们自然会想到如下差分格式

$$\frac{u_j^{n+1}-u_j^{n-1}}{2\Delta t}=v\frac{u_{j+1}^n-2u_j^n+u_{j-1}^n}{\Delta x^2}$$

不过，它是无条件不稳定。但如做小小的变动就可以得到有实用意义的差分格式

$$\frac{u_j^{n+1}-u_j^{n-1}}{2\Delta t}=v\frac{u_{j+1}^n-u_j^{n+1}-u_j^{n-1}+u_{j-1}^n}{\Delta x^2} \tag{5-78}$$

这是一个具有三个时间层的差分格式，采用 Von Neumann 分析法，步骤同前可得

$$(1+\sigma)A^{n+1}-2\sigma\cos(k\Delta x)A^n=(1-\sigma)A^{n-1}$$

$$A^n=A^n \tag{5-79}$$

其中 $\sigma=\dfrac{2v\Delta t}{\Delta x^2}$，式（5-79）可以改写为矩阵形式

$$\begin{bmatrix} 0 & 1 \\ \dfrac{1+\sigma}{1-\sigma} & \dfrac{2\sigma\cos(k\Delta x)}{1-\sigma} \end{bmatrix}\begin{bmatrix} A^{n+1} \\ A^n \end{bmatrix}=\begin{bmatrix} A^n \\ A^{n-1} \end{bmatrix}$$

引入记号 $U^n=(A^n,\ A^{n-1})^{\mathrm{T}}$，则有

$$U^{n+1}=GU^n \tag{5-80}$$

其中放大矩阵

$$G = \begin{bmatrix} 0 & 1 \\ \dfrac{1+\sigma}{1-\sigma} & \dfrac{2\sigma\cos(k\Delta t)}{1-\sigma} \end{bmatrix}^{-1} = \begin{bmatrix} -\dfrac{2\sigma\cos(k\Delta x)}{1+\sigma} & \dfrac{1-\sigma}{1+\sigma} \\ 1 & 0 \end{bmatrix}$$

显然稳定条件为 G 的特征值的绝对值均小于 1，确定 G 特征值的方程为

$$\det |G - \lambda I| = 0$$

展开后得 $\lambda^2 + \dfrac{2\sigma\cos(k\Delta x)}{1+\sigma}\lambda - \dfrac{1-\sigma}{1+\sigma} = 0$

$$\lambda = \frac{-\sigma\cos(k\Delta x) \pm \sqrt{1 - \sigma^2\sin^2(k\Delta x)}}{1+\sigma}$$

无论 $\sigma^2\sin^2(k\Delta x) > 1$ 或 < 1，都不难证明 $|\lambda| \leqslant 1$，故本格式是无条件稳定的。令人遗憾的是本格式截断误差为 $o(\Delta t^2, \Delta x^2, \Delta t/\Delta x)$。

为使格式与方程相容，必须有 $\Delta t/\Delta x \to 0$，这就大大限制了本方法的应用。

2）双曲线方程的几种差分格式

方程的基本形式为

$$\frac{\partial u}{\partial t} + a\frac{\partial u}{\partial x} = 0 \tag{5-81}$$

（1）迎风格式

其形式如上一节讨论所得

$$\frac{u_j^{n+1} - u_j^n}{\Delta t} + \frac{a + |a|}{2}\frac{u_j^n - u_{j-1}^n}{\Delta x} + \frac{a - |a|}{2}\frac{u_{j+1}^n - u_j^n}{\Delta x} = 0 \tag{5-82}$$

设 $a > 0$，增长因子为

$$G = 1 - s + se^{ik\Delta r}, s = \frac{|a|\Delta t}{\Delta x}$$

由此不难看出稳定条件为 $s \leqslant 1$。

（2）Friedrich-Lax 格式

在建立迎风格式时采用了 $u_j^{n+1} = u_A$，其中 u_A 由 $(n, j-1)$ 及 (n, j) 或 $(n, j+1)$ 之间线性插值得到，如果 u_A 是由 $(n, j-1)$ 及 $(n, j+1)$ 二点间线性插值，则得

$$u_j^{n+1} = u_{j-1}^n + \frac{\Delta x - a\Delta t}{2\Delta x}(u_{j+1}^n - u_{j-1}^n)$$

$$或 \quad u_j^{n+1} = \frac{1}{2}(1+s)u_{j-1}^n + \frac{1}{2}(1-s)u_{j+1}^n \tag{5-83}$$

这就是 Friedrich-Lax 格式，其误差增长因子为

$$G = \cos(k\Delta x) - iS\sin(k\Delta x)$$

显然稳定条件为

$$s \leqslant 1, s = \frac{a\Delta t}{\Delta x}$$

（3）Euler 隐式格式

$$\frac{u_j^{n+1} - u_j^n}{\Delta t} + a\frac{u_{j+1}^{n+1} - u_{j-1}^{n+1}}{2\Delta x} = 0 \tag{5-84}$$

不难得到它的误差增长因子为

$$G = \frac{1}{\sqrt{1 + s^2 \sin^2(k\Delta x)}} \leqslant 1$$

显然本格式为无条件稳定的。

（4）蛙跳式（leap-frog）

它也是一个三层格式，具体形式为

$$\frac{u_j^{n+1} - u_j^{n-1}}{2\Delta t} + a \frac{u_{j+1}^n - u_{j-1}^n}{2\Delta x} = 0 \tag{5-85}$$

其误差增长矩阵为

$$G = \begin{bmatrix} -2iS\sin(k\Delta x) & 1 \\ 1 & 0 \end{bmatrix}$$

使该矩阵特征值的绝对值均小于 1 的条件为

$$S = \frac{|a|\Delta t}{\Delta x} \leqslant 1$$

（5）Lax-Wendroff 格式及 MacCormack 格式

在建立迎风格式及 Friedrich-Lax 格式时均用线性插值方法得到 u_A。这样在空间方面的误差就比较大，如果用 $(n, j+1)$, (n, j), $(n, j-1)$ 三点对 A 点用二次插值方法求，显然精度也就比较高。

用 n 层上 $j+1$, j, $j-1$ 三点建立的插值公式为

$$u^n = u_{j-1} \frac{(x - x_j)(x - x_{j+1})}{(x_{j-1} - x_j)(x_{j-1} - x_{j+1})} + u_j \frac{(x - x_{j+1})(x - x_{j-1})}{(x_j - x_{j+1})(x_j - x_{j-1})}$$
$$+ u_{j+1} \frac{(x - x_j)(x - x_{j-1})}{(x_{j+1} - x_j)(x_{j+1} - x_{j-1})}$$

由于

$$x_A = x_j - a\Delta t, x_j = x_{j-1} + \Delta x, x_{j+1} = x_j + \Delta x = x_{j-1} + 2\Delta x$$

故有

$$u_A = u_j^n - \frac{S}{2}(u_{j+1}^n - u_{j-1}^n) + \frac{S^2}{2}(u_{j+1}^n - 2u_j^n + u_{j-1}^n)$$

利用 $u_j^{n+1} = u_A$ 即得 Lax-Wendroff 格式（L-W 格式）

$$u_j^{n+1} = u_j^n - \frac{S}{2}(u_{j+1}^n - u_{j-1}^n) + \frac{S^2}{2}(u_{j+1}^n - 2u_j^n + u_{j-1}^n) \tag{5-86}$$

不难分析得知它具有截断误差 $o(\Delta t, \Delta x^2)$，误差增长因子为

$$G = 1 - i\sin(k\Delta x) - 2S^2 \sin^2\left(\frac{k\Delta x}{2}\right)$$

使 $|G| \leqslant 1$ 的条件是 $S \leqslant 1$，这就是 L-W 格式稳定条件。

式（5-86）还可以改写为如下形式

$$u_j^{n+1} = \frac{1}{2}\{u_j^n + [u_j^n - S(u_{j+1}^n - u_j^n)] - S[u_j^n - S(u_{j+1}^n - u_j^n) - u_{j-1}^n S(u_j^n - u_{j-1}^n)]\}$$

或

$$\left.\begin{array}{l} \bar{u}_j^{n+1} = u_j^n - S(u_{j-1}^n - u_j^n) \\ \bar{\bar{u}}_j^{n+1} = \bar{u}_j^{n+1} - S(\bar{u}_j^{n+1} - \bar{u}_{j-1}^{n+1}) \\ u_j^{n+1} = \frac{1}{2}(u_j^n + \bar{\bar{u}}_j^{n+1}) \end{array}\right\} \qquad (5\text{-}87)$$

这就将一个差分格式分成两步：第一步为前项差分，第二步为后项差分，最后将所得值与原值平均。由于 $S = \frac{a\Delta t}{\Delta x}$，所以上式进一步改写为

$$\left\{\begin{array}{l} \bar{u}_j^{n+1} = u_j^n - \frac{\Delta t}{\Delta x}\big[(au)_{j+1}^n - (au)_j^n\big] \\[2mm] \bar{\bar{u}}_j^{n+1} = \bar{u}_j^{n+1} - \frac{\Delta t}{\Delta x}\big[(a\bar{u})_j^{n+1} - (a\bar{u})_{j-1}^{n+1}\big] \\[2mm] u_j^{n+1} = \frac{1}{2}(u_j^n + \bar{\bar{u}}_j^{n+1}) \end{array}\right.$$

该法可以推广到非线性方程中去。因为原方程可改写为

$$\frac{\partial u}{\partial t} + \frac{\partial(au)}{\partial x} = 0$$

记 $au = F$，则有

$$\frac{\partial u}{\partial t} + \frac{\partial F}{\partial x} = 0 \qquad (5\text{-}88)$$

如 F 为非线性函数，差分格式可以写作

$$\left.\begin{array}{l} \bar{u}_j^{n+1} = u_j^n - \frac{\Delta t}{\Delta x}(F_{j+1}^n - F_j^n) \\[2mm] \bar{\bar{u}}_j^{n+1} = \bar{u}_j^{n+1} - \frac{\Delta t}{\Delta x}(\bar{F}_j^{n+1} - \bar{F}_{j-1}^{n+1}) \\[2mm] u_j^{n+1} = \frac{1}{2}(u_j^n + \bar{\bar{u}}_j^{n+1}) \end{array}\right\} \qquad (5\text{-}89)$$

这就是著名的 MacCormack 显式格式。当 F 为 u 的线性函数时，它与 L-W 格式一致。

6. 多维问题几种常用的差分格式

二维扩散方程为

$$\frac{\partial u}{\partial x} = v\left(\frac{\partial^2 u}{\partial x^2} + \frac{\partial^2 u}{\partial y^2}\right) \qquad (5\text{-}90)$$

相应的定解条件为

$$\left.\begin{array}{l} u(x,y,0) = f(x,y) \\ u(0,y,t) = \phi_1(y,t), u(x,0,t) = \varphi_1(x,t) \\ u(L_x,y,t) = \phi_2(y,t), u(x,L_y,t) = \varphi_2(x,t) \\ (x,y) \in \{0 \leqslant x \leqslant L_x; 0 \leqslant y \leqslant L_y\}(0 < t < T) \end{array}\right\} \qquad (5\text{-}91)$$

首先确定离散点的位置为

$$\left.\begin{array}{l} x_j = j\Delta x(j = 0, 1 \cdots J, J\Delta x = L_x) \\ y_k = k\Delta y(k = 0, 1 \cdots K, K\Delta y = L_y) \\ t_n = k\Delta y(n = 0, 1 \cdots N, N\Delta t = T) \end{array}\right\} \qquad (5\text{-}92)$$

网格点号用 (j, k, n) 表示，在其上的函数值记作 $j_{j,k}^n$。

1）交替方向隐式格式（ADI）

交替方向隐式格式是一个综合显式和隐式二者特点的格式，它的基本思想是将差分计算分成两步：第一步在一个方向（比如说 x 方向）是隐式的，而在另一方向是显式的；第二步则两个方向交换一下，即在第一个方向上为显式，而另一方向为隐式。由于只在一个主向上隐式，求解时形成的方程组是三对角方程组，所以求解大为简化。因为在两个方向上不断交替进行，所以叫作交替方向隐式格式（alternating direction implicit method）（ADI 法），其具体形式为

$$\left.\begin{array}{l} \dfrac{u_{j,k}^{2n+1} - u_{j,k}^{2n}}{\Delta t} = v\{\Delta_{xx} u_{j,k}^{2n+1} + \Delta_{yy} u_{j,k}^{2n}\} \\[3mm] \dfrac{u_{j,k}^{2n+2} - u_{j,k}^{2n+1}}{\Delta t} = v\{\Delta_{xx} u_{j,k}^{2n+1} + \Delta_{yy} u_{j,k}^{2n+2}\} \end{array}\right\} \tag{5-93}$$

利用 Von Neumann 方法可得放大因子为

$$G_1 = \frac{A^{2n+1}}{A^{2n}} = \frac{1 - 4\sigma_y \sin^2\left(\dfrac{k_y \Delta y}{2}\right)}{1 + 4\sigma_x \sin^2\left(\dfrac{k_x \Delta y}{2}\right)}$$

$$G_2 = \frac{A^{2n+2}}{A^{2n+1}} = \frac{1 - 4\sigma_x \sin^2\left(\dfrac{k_x \Delta y}{2}\right)}{1 + 4\sigma_y \sin^2\left(\dfrac{k_y \Delta y}{2}\right)}$$

显然 $G_1, G_2 \leqslant 1$，所以本格式是无条件稳定的。值得指出，这个结论不能推广到三维，在三维时本方法是有条件稳定的。

交替方法可以有不同的形式，例如 Douglas-Rachaford 交替法。

$$\left.\begin{array}{l} \dfrac{u_{j,k}^* - u_{j,k}^n}{\Delta t} = v\{\Delta_{xx} u_{j,k}^* + \Delta_{yy} u_{j,k}^n\} \\[3mm] \dfrac{u_{j,k}^{n+1} - u_{j,k}^*}{\Delta t} = v\{\Delta_{xx} u_{j,k}^{n+1} + \Delta_{yy} u_{j,k}^*\} \end{array}\right\} \tag{5-94}$$

若将 u^* 消去不难知它实际是下述分格式

$$\frac{u_{j,k}^{n+1} - u_{j,k}^n}{\Delta t} = v(\Delta_{xx} + \Delta_{yy}) u_{j,k}^{n+1} - v^2 \Delta t^2 \Delta_{xx} \Delta_{yy} (u_{j,k}^{n+1} - u_{j,k}^n)$$

因此相当于加了一项与 Δt^2 成比例的项，是一高阶小量。可以证明本格式是无条件稳定的。

推广到三维中去为

$$\left.\begin{array}{l} \dfrac{u_{j,k,l}^* - u_{j,k,l}^n}{\Delta t} = v(\Delta_{xx} u_{j,k,l}^* + \Delta_{yy} u_{j,k,l}^* + \Delta_{zz} u_{j,k,l}^*) \\[3mm] \dfrac{u_{j,k,l}^{**} - u_{j,k,l}^n}{\Delta t} = v(\Delta_{yy} u_{j,k,l}^{**} + \Delta_{yy} u_{j,k,l}^*) \\[3mm] \dfrac{u_{j,k,l}^{n+1} - u_{j,k,l}^{**}}{\Delta t} = v(\Delta_{zz} u_{j,k,l}^{**} + \Delta_{zz} u_{j,k,l}^*) \end{array}\right\} \tag{5-95}$$

该格式也是无条件稳定的。

若将 Mitchell-Fairweather 格式加以推广，则得到如下的格式

$$
\left.
\begin{aligned}
\frac{u_{j,k}^* - u_{j,k}^n}{\Delta t} &= \left(1 + \frac{\Delta x^2}{6v\Delta t}\right)\Delta_{xx}u_{j,k}^n + \left(1 - \frac{\Delta y^2}{6v\Delta t}\right)\Delta_{yy}u_{j,k}^* \\
\frac{u_{j,k}^{n+1} - u_{j,k}^*}{\Delta t} &= \left(1 - \frac{\Delta x^2}{6v\Delta t}\right)\Delta_{xx}u_{j,k}^{n+1} + \left(1 + \frac{\Delta y^2}{6v\Delta t}\right)\Delta_{yy}u_{j,k}^*
\end{aligned}
\right\}
\tag{5-96}
$$

其稳定条件为

$$
\left.
\begin{aligned}
&\frac{\Delta x^2}{6}\left[\sin^2(k\Delta x) + \sin^2\left(\frac{k\Delta y}{2}\right)\right] - 2\left(\Delta t^2 + \frac{\Delta x^4}{36}\right)\sin^2\left(\frac{k\Delta y}{2}\right) \leqslant \frac{1}{2} \\
&- \Delta t\left[\sin^2\left(\frac{k\Delta y}{2}\right) + \sin^2\left(\frac{k\Delta y}{2}\right)\right] + \left(\frac{\Delta t\Delta x^3}{3}\right)\sin^2\left(\frac{k\Delta y}{2}\right) + \sin^2\left(\frac{k\Delta y}{2}\right) \leqslant 0
\end{aligned}
\right\}
\tag{5-97}
$$

这是易于达到的，因此 Δt，Δx 是比较小的。

2）时间分裂格式

本方法最早由前苏联学者葛德诺夫等提出的，其基本思想是将多维问题化为几个一维问题。具体方法介绍如下。

由泰勒公式展开得

$$
\begin{aligned}
u_{j,k}^{n+1} &= u_{j,k}^n + \left(\frac{\partial u}{\partial t}\right)_{j,k}^n \Delta t + \frac{1}{2}\left(\frac{\partial^2 u}{\partial t^2}\right)_{j,k}^n \Delta t^2 + \cdots \\
&= u_{j,k}^n + v\left(\frac{\partial u^2}{\partial x^2} + \frac{\partial u^2}{\partial y^2}\right)_{j,k}^n \Delta t + \frac{1}{2}v^2 v\left(\frac{\partial u^4}{\partial x^4} + \frac{\partial u^4}{\partial x^2 \partial y^2} + \frac{\partial u^4}{\partial y^4}\right)_{j,k}^n \Delta t^2 + \cdots \\
&= \left(1 + v\Delta t \frac{\partial^2}{\partial x^2}\right)\left(1 + v\Delta t \frac{\partial^2}{\partial x^2}\right)_{j,k}^n + o(\Delta t^2)
\end{aligned}
$$

差分化略去高阶小量得到

$$
u_{j,k}^{n+1} = (1 + v\Delta t\Delta_{xx})(1 + v\Delta t\Delta_{yy})u_{j,k}^n
\tag{5-98}
$$

或分解为

$$
\left.
\begin{aligned}
u_{j,k}^* &= (1 + v\Delta t\Delta_{yy})u_{j,k}^n \\
u_{j,k}^{n+1} &= (1 + v\Delta t\Delta_{xx})u_{j,k}^*
\end{aligned}
\right\}
\tag{5-99}
$$

显然这相当于解两个一维问题

$$
\frac{\partial u}{\partial t} = v\frac{\partial^2 u}{\partial x^2}, \quad \frac{\partial u}{\partial t} = v\frac{\partial^2 u}{\partial y^2}
$$

这里采用的格式可以自由选用。如果用 FTCS 格式，则稳定条件为

$$
\sigma_x = \frac{v\Delta t}{\Delta x^2} \leqslant \frac{1}{2}, \quad \sigma_y = \frac{v\Delta t}{\Delta y^2} \leqslant \frac{1}{2}
$$

或记作

$$
\min\{\sigma_x, \sigma_y\} \leqslant \frac{1}{2}
$$

与直接对二维用显示格式时的稳定条件正好相差一半。

二、水流数学模型的有限单元法

在水流数学模型的众多数值解法中，有限单元法是一个极其重要的方法。有限单元法（简称有限元法）的基本思想可以追溯到 20 世纪初，它在实质上就是传统的 Ritz-Calerkin

（利兹-加略金）方法——用以解决变分问题的近似解方法。可就方法而言，两者的主要区别是有限元很大程度上克服了 Ritz-Calerkin 方法选取基函数的固有困难。

20 世纪 50 年代，电子计算机技术开始深入到各个工程科学领域，有限元法得以逐步发展，最先成功地应用于结构力学和固体力学。20 世纪 60 年代末有限元法数学理论的研究亦得以开展，从而广泛应用于流体力学、物理学和其他求解数学物理问题的工程科学中。具体应用有限元方法求解水流数学模型也只是十四五年的历史。20 世纪 70 年代末，我国才有人开始应用有限元方法求解二维浅水方程。

从数学概念、理论和方法方面来讲，水流模型有限元法的基本思想方法大致归纳为以下几个方面的问题：

① 将水流问题转化为变分形式；

② 选定单元的形状（三角元），剖分求解域；

③ 构造基函数或单元形状函数；

④ 形成有限元方程；

⑤ 有限元方法的数值解。

下面就以上问题作简单介绍。

1. 变分原理

1）一维区域上的变分问题

（1）两点边值问题

考虑一根长为 l，两端固定的弦的平衡问题。现设弦的两端固定点 $A(0，0)$ 和 $B(1，0)$，在没有外力作用下弦与 O_x 轴重合。设有外力 $f(x)$ 垂直向下作用于弦上，于是弦发生形变。现在假设外力较小，发生形变亦很小。用 $u=u(x)$ 表示在力 $f(x)$ 作用下弦的平衡条件，$u(x)$ 满足微分方程

$$-Tu'' = f(x) \quad (0 < x < 1) \tag{5-100}$$

和边值条件

$$u(0) = 0, u(1) = 0 \tag{5-101}$$

其中 T 是弦的张力（假定是常数）。这样，求弦的平衡位置就可以归结为解两点边值问题式（5-100），式（5-101）。

另一方面，由力学的"极小位能原理"，弦的平衡位置，记作 $u_* = u_*(x)$，是在满足边值条件式（5-101）的一切可能位置中，位能取得最小时的 u。

现设弦处于某一平衡位置 $u=u(x)$，在外力 $f(x)$ 的作用下，产生应变能

$$W_内 = \frac{1}{2}\int_0^1 T(u')^2 \mathrm{d}x$$

至于外力 $f(x)$ 所作的功

$$W_外 = \int_0^1 fu \, \mathrm{d}x$$

因而总的位能

$$J(u) = W_内 - W_外 = \frac{1}{2}\int_0^1 (T(u')^2 - 2uf)\mathrm{d}x \tag{5-102}$$

根据极小位能原理，$u_* = u_*(x)$ 是问题

$$J(u_*) = \min_u J(u) \tag{5-103}$$

的解。$J(u)$ 是通过积分定义的函数，称为泛函数。因此式（5-103）表示求泛函数 $J(u)$ 的极值问题，称之为变分问题。

由此可知，研究弦的平衡位置问题，可导致两个不同形式的数学问题：一是求解两点的边值问题，即偏微分方程组问题；另一是求解泛函数的极值问题，即变分问题。这两者之间的等价关系构成了各种变分原理的最简模型。

从数学角度去研究和精确表述一个变分问题，必须明确 $J(u)$ 在哪个函数里方能取得极小值，即须说出 u 属于哪一个函数空间。由于这个问题的讨论已超出本书的范围，这里仅给出结论，读者有兴趣可以参考有关偏微分方程数值解的书籍。

注：二次泛函数式（5-103）中 $u(x)$ 应属于 Sobolev（索波列夫）空间（一阶的索波列夫空间）$H'(I)$，$I=(a, b)$。

$H'(I)$ 是一个完全内积空间，内积

$$(f, g)_1 \int_0^1 (fg + f'g') \mathrm{d}x$$

$$\| f \|_1 = \sqrt{(f, f)_1} = (\int_a^b (f^2 + f'^2) \mathrm{d}x)^{\frac{1}{2}}$$

同样 m 阶的 Sobolev 空间 $H^m(I)$ 的内积

$$(f, g)_m = \sum_{k=0}^m \sqrt{(f, f)_1} = \int_b^a f^{(k)}(x) g^{(k)}(x) \mathrm{d}x$$

和范数

$$\| f \|_m = \sqrt{(f, f)_m} = \Big(\sum_{k=0}^m \int_b^a f^k(x)^2 \Big| \mathrm{d}x \Big)^{\frac{1}{2}}$$

$H^0(I)$ 就是一般可测内积空间，其内积和范数分别为

$$(f, g) = \int_b^a fg \, \mathrm{d}x$$

$$\| f \|_m = \sqrt{(f, f)} = (\int_b^a f^2(x) \mathrm{d}x)^{\frac{1}{2}}$$

（2）极小位能原理

根据泛函数概念从位能表达式（5-102）知，当 $f \in H^0(I)$ 和 $\mu \in H'(I)$，其中 $I = [0, 1]$ 时，位能 $J(\mu)$ 恒有意义。此外，μ 还满足边值条件式（5-101）。因此，若将 $H'(I)$ 中所有满足齐次边值条件式（5-101）的函数类构成 $H'(I)$ 的子空间，记为 $H_0^1(I)$ 或 H_0^1，则变分问题式（5-103）可精确地叙述为求 $\mu_* \in H_0^1$，使

$$J(u_*) = \min_{\mu \in H_0^1} J(u)$$

现若引进微分算子

$$Lu = - T \frac{\mathrm{d}^2 u}{\mathrm{d}x^2}$$

则位能 $J(\mu)$ 的结构可以表达成

$$W_内 = \frac{1}{2}(Lu, u) = \frac{1}{2}\int_0^1 \Big(- T \frac{\mathrm{d}^2 u}{\mathrm{d}x^2} \Big) u \mathrm{d}x = \frac{1}{2}\int_0^1 T \Big(\frac{\mathrm{d}u}{\mathrm{d}x} \Big)^2 \mathrm{d}x$$

$$W_外 = (f, u) = \int_0^1 fu \, \mathrm{d}x$$

$$J(u) = \frac{1}{2}(Lu,u) - (f,u) \tag{5-104}$$

这样对于一般的边值问题可以根据上式构造相应的泛函数。

假如考虑一根一端固定而一端自由的弦在外力 $f(x)$ 作用下的平衡问题，表达式为

$$Lu = -\frac{d}{dx}\left(p\frac{du}{dx}\right) + qu = f(x) \quad x \in (a,b) \tag{5-105}$$

$$\left.\begin{array}{l} u(a) = 0 \\ u'(b) = 0 \end{array}\right\} \tag{5-106}$$

这里 $qu(x)$ 表示位移；p 表示弹性系数，若弦是均匀的，则 p 与 z 无关；q 表示阻尼系数；$f(x)$ 表示垂直于弦的外力；$u(a)=0$ 表示左端固定；$u'(b)=0$ 表示右端自由，不受任何约束，亦无外力作用。

上述问题，若 $p \in c'(I)$，$p>0$，$q>0$，$f \in H^0(I)$，$I=(a,b)$，可以类似地构造相对应的泛函数：

$$J(u) = \frac{1}{2}(Lu,u) - (f,u)$$

$$= -\frac{1}{2}\int_a^b \frac{d}{dx}\left(p\frac{d\mu}{dx}\right)\mu dx + \frac{1}{2}\int_a^b q\mu^2 dx - \int_a^b f\mu dx \tag{5-107}$$

对上式右端第一项施行分部积分

$$-\int_a^b \frac{d}{dx}\left(p\frac{du}{dx}\right)u dx = -p\frac{du}{dx}\Big|_a^b + \int_a^b p\frac{du}{dx}\frac{du}{dx}dx = \int_a^b p\left(\frac{du}{dx}\right)^2 dx$$

并引入线性泛函数

$$a(u,v) = \int_a^b \left(p\frac{du}{dx}\frac{dv}{dx} + quv\right)dx \tag{5-108}$$

则式（5-108）可表示成

$$J(u) = \frac{1}{2}\int_a^b \left(\frac{du}{dx}\right)^2 dx + \frac{1}{2}\int_a^b qu^2 dx - \int_a^b fu dx = \frac{1}{2}a(u,u) - (f,u) \tag{5-109}$$

$a(u,v)$ 称为双线性泛函。根据变分原理，上述问题可以定理形式表述之，在此不作证明。

定理 1

设 $f \in c^0(I)$ 和 $u_* \in c^2$ 是边值问题式（5-105）、式（5-106）的解，则 u 使 $J(u)$ 达到极小值；反之，若 $u_* \in c^2 \cap H_E^1$，使 $J(u)$ 达到极小值，则 u_* 是边值问题式（5-105）、式（5-106）的解。

在力学、物理学中，二次泛函 $J(u)$ 所表示的物理意义是能量，所以称定理 1 为极小位能原理。

由定理 1 知左边值条件 $u(a)=0$ 和右边值条件 $u'(b)=0$ 有重要区别。前者必须强加在变分问题所在的函数类上，称为强制边界条件或本质边界条件；后者不必对函数类作为条件提出，只要函数 $u(x)$ 使 $J(u)$ 取极小值，则它必然满足条件，这样的条件称为自然边值条件。在数值求解初值问题时，区别这两类条件很重要，这是从变分问题出发构造数值方法的一个优点。

（3）虚功原理

以 v 乘方程式（5-105）的两端，沿区间（a，b）积分，得

$$\int_a^b (Lu - f)v\,\mathrm{d}x = \int_a^b \left(-\frac{\mathrm{d}}{\mathrm{d}x}\left(p\frac{\mathrm{d}u}{\mathrm{d}x} \right)v + quv - fv \right)\mathrm{d}x = 0 \qquad (5\text{-}110)$$

利用部分积分法以及边值条件式（5-106），上式第一项积分得

$$-\int_a^b \frac{\mathrm{d}}{\mathrm{d}x}\left(p\frac{\mathrm{d}u}{\mathrm{d}x} \right)v\,\mathrm{d}x = -p\frac{\mathrm{d}u}{\mathrm{d}x}v\bigg|_a^b + \int_a^b p\frac{\mathrm{d}u}{\mathrm{d}x}\frac{\mathrm{d}v}{\mathrm{d}x}\mathrm{d}x = \int_a^b p\frac{\mathrm{d}u}{\mathrm{d}x}\frac{\mathrm{d}v}{\mathrm{d}x}\mathrm{d}x$$

以此代入式（5-110），

$$\int_a^b \left(p\frac{\mathrm{d}u}{\mathrm{d}x}\frac{\mathrm{d}v}{\mathrm{d}x} + quv - fv \right)\mathrm{d}x = 0$$

若注意到双线性形式 $a(u, v)$ 的表达式（5-108），则上式可写成变分形式

$$a(u,v) - (f,v) = 0 \qquad (5\text{-}111)$$

因此这一问题可以用定理形式确切阐述。

定理 2

设 $u \in c^2$，则 u 是边值问题式（5-105）、式（5-106）解的充分必要条件为 $u \in H_E^1$，且满足变分方程对任意 $u \in H_E^1$。

$$a(u,v) - (f,v) = 0 \qquad (5\text{-}112)$$

在力学里，式（5-112）左端表示弦在保持平衡状态下所做的功。因此，式（5-112）的物理意义为虚功，故也称定理 2 为虚功原理。

虚功原理比位能原理更具有一般性，它不仅适用于对称正定算子方程（即力学中的保守场方程），而且也适用于非对称正定算子方程（非保守场方程）。换句话说，定理 2 可直接推广到定理 3。

定理 3

设 $u \in c^2$，则 u 满足

$$Lu = -\frac{\mathrm{d}}{\mathrm{d}x}\left(p\frac{\mathrm{d}u}{\mathrm{d}x} \right) + r\frac{\mathrm{d}u}{\mathrm{d}x} + qu = f \qquad (5\text{-}113)$$

$$\left. \begin{aligned} u(a) &= 0 \\ u'(b) &= 0 \end{aligned} \right\} \qquad (5\text{-}114)$$

的充要条件是 $u \in H_E^1$，且满足变分方程 $a(u, v) - (f, v) = 0$ 对任意 $v \in H_E^1$，

$$a(u,v) = \int_a^b \left(p\frac{\mathrm{d}u}{\mathrm{d}x}\frac{\mathrm{d}v}{\mathrm{d}x} + r\frac{\mathrm{d}u}{\mathrm{d}x}v + quv \right)\mathrm{d}x$$

其中 $p \in c^1$，$q \in c^0$，$f \in L_2$。

综合以上讨论，可以将这两种原理所刻画的变分问题作一个简单结论性的描述。极小位能原理得到的变分问题是指求二次泛函 $J(u)$ 的极小值，而虚功原理则是解变分方程 $a(u, v) - (f, v) = 0$。因此对求解两点边值问题而言是没有本质区别。可是虚功原理在应用上更为广泛和简便。在水流数学模型有限元的数值解中，亦是采用此形式，通常称为边值问题的弱式。

为了进一步研究二维水流模型的有限元法，在下边还将对二维区域上的变分问题作简单介绍。

2）二维区域上的变分问题

首先将前面介绍的一维区域上的 Sobolev 空间推广到二维区域。设 G 是有界平面区域，边界 Γ 是逐段光滑的闭曲线，$\bar{G} = G \bigcup \Gamma$ 是 G 的闭包。$L_2(G)$ 是定义在 G 上的平方可

积的可测函数空间，其内积和范数分别为

$$(f,g) = \iint\limits_G fg\,\mathrm{d}x\mathrm{d}y$$

$$\| f \| = (f,f) = \left(\iint\limits_G \left| f \right|^2 \mathrm{d}x\mathrm{d}y\right)^{\frac{1}{2}}$$

对于 $f \in L_2(G)$，如果存在 $g, h \in L_2(G)$，使

$$\iint\limits_G g\varphi\mathrm{d}x\mathrm{d}y = -\iint\limits_G f \frac{\partial \varphi}{\partial x}\mathrm{d}x\mathrm{d}y, \iint\limits_G h\varphi\mathrm{d}x\mathrm{d}y = -\iint\limits_G \frac{\partial \varphi}{\partial y}\mathrm{d}x\mathrm{d}y$$

对任意 $\varphi \in C_0^\infty(G)$ 成立，则说 f 有对 x 的一阶广义导数 g 和对 y 的一阶广义导数 h，记作

$$f_x = \frac{\partial f}{\partial x} = g, \quad f_y = \frac{\partial f}{\partial y} = h$$

类似一维的情形，定义

$$H^1(G) = \left\{ f(x,y) \left| f, f_x, f_y \in L_2(G) \right| \right\}$$

其中 f_x、f_y 为 f 的广义导数。$H^1(G)$ 中内积分和范数分别定义为

$$(f,g)_1 = \iint\limits_G (fg + f_x g_x + f_y g_y)\mathrm{d}x\mathrm{d}y \tag{5-115}$$

$$\| f \|_1 = (f,f)_1 = \left(\iint\limits_G \left(\left| f \right|^2 + \left| f_x \right|^2 + \left| f_y \right|^2\right)\mathrm{d}x\mathrm{d}y\right)^{\frac{1}{2}} \tag{5-116}$$

因此 $H^1(G)$ 是 Hillert 空间，亦称为 Sobolev 空间。

（1）极小位能原理

作为模型问题，可考虑 Poisson（泊松）方程的第一边值问题

$$-\Delta \mu = f(x,y) \quad (x,y) \in G \tag{5-117}$$

$$\mu \mid_\Gamma = 0 \tag{5-118}$$

其中 Δ 是拉普拉斯（Laplace）算符 $\frac{\partial^2}{\partial x^2} + \frac{\partial^2}{\partial y^2}$。

仿照一维区域中构造泛函数的办法，作泛函

$$J(u) = \frac{1}{2}(-\Delta u, u) - (f, u) = \frac{1}{2}\iint\limits_G (-\Delta u)u\mathrm{d}x\mathrm{d}y - \iint\limits_G fu\mathrm{d}x\mathrm{d}y \tag{5-119}$$

上式右端第一项

$$\iint\limits_G (-\Delta u)u\mathrm{d}x\mathrm{d}y = \iint\limits_G -u\left(\frac{\partial^2 u}{\partial x^2} + \frac{\partial^2 u}{\partial y^2}\right)\mathrm{d}x\mathrm{d}y$$

利用格林（Green）公式：

$$\iint\limits_G \left(\frac{\partial P}{\partial x} + \frac{\partial Q}{\partial y}\right)\mathrm{d}x\mathrm{d}y = \int_\Gamma P\mathrm{d}x + Q\mathrm{d}y = \int_\Gamma [P\cos(n,x) + Q\cos(n,y)]\mathrm{d}s$$

设 $P = v\dfrac{\partial u}{\partial x}$，$Q = v\dfrac{\partial u}{\partial y}$，则有

$$\iint\limits_G \left(\frac{\partial P}{\partial x} + \frac{\partial Q}{\partial y}\right)\mathrm{d}x\mathrm{d}y = \iint\limits_G \frac{\partial}{\partial x}\left(v\frac{\partial u}{\partial x}\right) + \frac{\partial}{\partial y}\left(v\frac{\partial u}{\partial y}\right)\mathrm{d}x\mathrm{d}y$$

$$= \iint\limits_G \left(\frac{\partial u}{\partial x}\frac{\partial v}{\partial x} + v\frac{\partial^2 u}{\partial x^2} + \frac{\partial u}{\partial y}\frac{\partial v}{\partial y} + v\frac{\partial^2 u}{\partial y^2}\right)\mathrm{d}x\mathrm{d}y$$

$$= \iint\limits_{G} \left(\frac{\partial u}{\partial x}\frac{\partial v}{\partial x} + \frac{\partial u}{\partial y}\frac{\partial v}{\partial y} \right) \mathrm{d}x\mathrm{d}y + \iint\limits_{G} v \left(\frac{\partial u}{\partial x}\frac{\partial v}{\partial x} + v\frac{\partial^2 u}{\partial y^2} \right) \mathrm{d}x\mathrm{d}y$$

所以

$$\iint\limits_{G} [P\cos(n,x) + Q\cos(n,y)]\mathrm{d}s = \iint\limits_{G} \left(\frac{\partial u}{\partial x}\frac{\partial v}{\partial x} + \frac{\partial u}{\partial y}\frac{\partial v}{\partial y} \right) \mathrm{d}x\mathrm{d}y + \iint\limits_{G} v\Delta u\mathrm{d}x\mathrm{d}y$$

根据式（5-108）得

$$\int [P\cos(n,x) + Q\cos(n,y)]\mathrm{d}s = 0$$

由以上两式可知

$$-\iint\limits_{G} v\Delta u\mathrm{d}x\mathrm{d}y = \iint\limits_{G} \left(\frac{\partial u}{\partial x}\frac{\partial v}{\partial x} + \frac{\partial u}{\partial y}\frac{\partial v}{\partial y} \right) \mathrm{d}x\mathrm{d}y$$

即

$$-\iint\limits_{G} u\Delta u\mathrm{d}x\mathrm{d}y = \iint\limits_{G} \left[\left(\frac{\partial u}{\partial x} \right)^2 + \left(\frac{\partial u}{\partial y} \right)^2 \right] \mathrm{d}x\mathrm{d}y \tag{5-120}$$

引入二维双线性泛函

$$a(u,v) = \iint\limits_{G} \left(\frac{\partial u}{\partial x}\frac{\partial v}{\partial x} + \frac{\partial u}{\partial y}\frac{\partial v}{\partial y} \right) \mathrm{d}x\mathrm{d}y$$

式（5-120）又可表示成

$$J(u) = \frac{1}{2}a(u,u) - (f,u) \tag{5-121}$$

因此，在二维区域上，亦可推得边值问题式（5-117）、式（5-118）和变分问题等价关系的定理（不作证明）。

定理 4

设 $\mu* \in (\bar{G})$ 是边值问题式（5-117）、式（5-118）的解，则 μ_* 使 $J(\mu)$ 达到极小值（即 $J(\mu_* = \min\limits_{u \in H_0^1})J(\mu)$）。反之，若 $\mu_* \in c^2(\bar{G})$，$H_0^1(G)$ 使 $J(\mu)$ 达到极小值，则 μ_* 是边值问题式（5-117）、式（5-118）的解。关于非齐次边值条件以及自然边值条件，定理 4 仍然成立，这里不再推导。

（2）虚功原理

为了综合三类边界条件问题，是推导阐述统一，考虑 Poisson 方程式（5-117）的混合边值问题，即改变一下边值条件式（5-118）。将边界 Γ 分成互不相交的两部分 Γ_1 和 Γ_2。在 Γ_1 上满足第一边值条件

$$\mu \mid \Gamma_1 = 0 \tag{5-122}$$

在 Γ_2 上满足第二或第三边值条件

$$\left(\frac{\partial \mu}{\partial \mu} + \alpha\mu \right) \Big| \Gamma_2 = 0(\alpha \geqslant 0) \tag{5-123}$$

现按一维推导的方法，以 v 乘方程式（5-117）两端，并在 G 上积分得

$$\iint\limits_{G} ((-\Delta\mu)v - fv)\mathrm{d}x\mathrm{d}y = 0$$

利用 Green 公式及边值条件式（5-122）、式（5-123），可得

$$\iint (-\Delta\mu)v\mathrm{d}x\mathrm{d}y$$

$$= \iint\limits_{G} \left(\frac{\partial \mu}{\partial x} \frac{\partial \upsilon}{\partial x} + \frac{\partial \mu}{\partial y} \frac{\partial \upsilon}{\partial y} \right) \mathrm{d}x\mathrm{d}y - \int \frac{\partial \mu}{\partial n} \upsilon \mathrm{d}s$$

$$= \iint\limits_{G} \left(\frac{\partial \mu}{\partial x} \frac{\partial \upsilon}{\partial x} + \frac{\partial \mu}{\partial y} \frac{\partial \upsilon}{\partial y} \right) + \int\limits_{\Gamma_2} \alpha \mu \upsilon \mathrm{d}s \qquad (5\text{-}124)$$

若定义双线性泛函为

$$\alpha(\mu,\upsilon) = \iint\limits_{G} \left(\frac{\partial \mu}{\partial x} \frac{\partial \upsilon}{\partial x} + \frac{\partial \mu}{\partial y} \frac{\partial \upsilon}{\partial y} \right) \mathrm{d}x\mathrm{d}y + \int\limits_{\Gamma_2} \alpha \mu \upsilon \mathrm{d}s$$

则式（5-124）可表示为

$$\alpha(\mu,\upsilon) - (f,\upsilon) = 0 \qquad (5\text{-}125)$$

类似的，以定理形式表示之。

定理 5

设 $\mu \in c^2(G)$，则 μ 满足式（5-117）、式（5-122）、式（5-123）的充分必要条件是：$\mu \in H_E^1$ 满足变分方程式（5-125）。

本节对于一、二维空间内的边值问题如何化为与之等价的变分问题，在原理上作了阐述。至于本节如何求解相应的变分问题，是一个较为复杂的问题。一般情况下，不可能求得问题的精确解。因此，在下一节中将介绍变分问题最重要的一种数值的解法，它亦是有限元法的基础。

2. Ritz-Galerkin（利兹-伽略金）方法

前一节讨论的将边值问题转化为与之等价的变分问题可以概括如下：设 V 表示 H_0^1、H_E^1、H^1 等 Sobolev 空间，$H = H^0$ 是 L_2 空间，并设 $f \in H$，在二次泛函可写成统一形式

$$J(\mu) = \frac{1}{2}\alpha(\mu,\mu) - (f,\mu)$$

于是边值问题 $L\mu = f(\mu)$ 满足边值条件等价于求 $\mu \in V$，使

① $J(\mu) = \min\limits_{\upsilon \in V} J(\upsilon)$　　（极小位能原理）

或

② $\alpha(\mu,\upsilon) = (f,\upsilon)$ 对任意 $\upsilon \in V$（虚功原理）

作为变分问题的以上两个形式，求解的主要困难是考虑在无穷维空间 V 上的泛函。因此 Rritz 和 Calerkin 方法的基本思想在于用有穷维空间近似代替无穷维空间，从而化成求多元二次泛函的极值问题化解以二次泛函为系数的线性方程组的问题。所以，从某种意义上讲，如何选取有维空间是问题的关键。

（1）Ritz 法

设 V_n 是 V 的 n 维子空间，φ_1，φ_2，$\cdots\cdots\varphi_n$ 是 υ_n 的一组基底，称为基函数。因而 V_n 中任一元素 μ_n 可表示成

$$\mu_n = \sum_{i=1}^{n} c_i \varphi_i \qquad (5\text{-}126)$$

这样对于 $\mu \in H$，便于 $J(\mu) = \min\limits_{\mu \in H} J(\mu)$，即是怎样选取 c_i 使 $J(\mu_n)$ 取得极小值。

由于

$$J(\mu) = \frac{1}{2}\alpha(\mu_n, \mu_n) - (f, \mu_n)$$

将式（5-126）带入得

$$J(\mu_n) = \frac{1}{2}\sum_{i,j=1}^{n}\alpha(\varphi_i, \varphi_j)c_i c_j - \sum_{j=1}^{n}c_j(f, \varphi_j)$$

这是关于 c_1，c_2，……c_n 的二次函数。现若对 c_j 求导，并令

$$\frac{\partial J(\mu_m)}{\partial c_j} = 0$$

则得到关于 c_1，c_2，……c_n 的线性代数方程组

$$\sum_{i=1}^{n}\alpha(\varphi_i, \varphi_j)c_i = (f, \varphi_j) \quad (j=1,2,\cdots,n) \tag{5-127}$$

对应的系数矩阵

$$A = \begin{bmatrix} \alpha(\varphi_1, \varphi_1) & \alpha(\varphi_2, \varphi_1) & \alpha(\varphi_n, \varphi_1) \\ \alpha(\varphi_1, \varphi_2) & \alpha(\varphi_2, \varphi_2) & \alpha(\varphi_n, \varphi_2) \\ \vdots & \vdots & \vdots \\ \alpha(\varphi_1, \varphi_n) & \alpha(\varphi_2, \varphi_n) & \alpha(\varphi_n, \varphi_n) \end{bmatrix}$$

根据双线性泛函 $\alpha(\varphi_i, \varphi_j)$ 的对称性性质，即 $\alpha(\varphi_i, \varphi_j)$ 是正定的，即对于任一非零向量 $(c_1, c_2, \cdots c_n)^{\mathrm{T}}$，二次形式为

$$\sum_{i,j=1}^{n}\alpha(\varphi_i, \varphi_j)c_i c_j = \alpha(\sum_{i=1}^{n}c_i, \varphi_j) = \alpha(\mu_n, \mu_n) > 0$$

故说明 A 是正定的。根据线性方程组的系数矩阵对称正定有唯一解的性质，则方程组（5-127）有唯一的解。求得 c_i 后，带入式（5-126），能解出近似解 μ_n。

（2）Galerkin 法

Galerkin 法是求解 $\mu \in V$ 满足泛函方程 $\alpha(\mu, v) = (f, v)$，对任意 $v \in V$，同样的，在 V 的子空间 V_n：

$$V_n = \left\langle \mu_n(x)\frac{\mathrm{d}y}{\mathrm{d}x}\middle| \mu_n(x) = \sum_{i=1}^{n}c_i\varphi_i(x), \mu_n(0) \right\rangle$$

中任两元素 μ_n、v_n，则

$$\mu_n = \sum_{i=1}^{n}c_i, \varphi_i, \quad v_n = \sum_{j=1}^{n}c_j, \varphi_j$$

代入 $a(\mu, v) = (f, v,)$，得

$$\sum_{i=1}^{n}a(\varphi_i, \varphi_j)c_i = (f, \varphi_j) \tag{5-128}$$

这和 Ritz 法导出的方程组完全相同。因此习惯上称式（5-128）为 Ritz-Galerkin 方程。

虽然 Ritz 法和 Galerkin 法导出的用以解 μ_n 的相应线性方程组完全一样，但是两者的基础或者出发点不同。因此在使用上有所差别。Rritz 法基于极小位能原理，而 Galerkin 法基于虚功原理。后者较前者在应用上更为广泛，方法推导上也更为简单。Ritz 法要求对称正定，而 Galerkin 法无需要求一定对称正定。换言之，仅当 $\alpha(\mu, v)$ 对称正定时，此两

种方法可以认为是完全一样的。Ritz 法的有点是力学意义更明显，理论基础易建立。

如两点边值问题：

$$L\mu = -\frac{\mathrm{d}}{\mathrm{d}x}\left(p\,\frac{\mathrm{d}\mu}{\mathrm{d}x}\right) + r\,\frac{\mathrm{d}\mu}{\mathrm{d}x} + q\mu = f \quad a < x < b \left.\begin{array}{c}\\\\\end{array}\right\} \tag{5-129}$$
$$\mu(a) = 0, \mu(b)' = 0$$

其中 $p \in c^1(I), p(x) \geqslant p_{\min} > 0, r, q \in c^0(I), f \in L_2(I), I = (a, b)$。

与之相应的双线性泛函可定义为

$$a = (\mu, v) = \int_a^b \left(p\,\frac{\mathrm{d}\mu}{\mathrm{d}x}\,\frac{\mathrm{d}v}{\mathrm{d}x} + r\,\frac{\mathrm{d}\mu}{\mathrm{d}x}v + q\mu v\right)\mathrm{d}x \tag{5-130}$$

显然 $a(\mu, v)$ 非对称正定，除非 $r = 0$，$q \geqslant 0$，因此无法用 Ritz 法解方程组（5-129）。但是 Galerkin 法仍然适用，导出线性方程组其形式和式（5-128）相同。

用 Ritz-Galerkin 法求解变分问题是比较麻烦的。在实际应用中问题要复杂得多，难度会更大。实践的结果用 Ritz-Galerkin 方法求解边值问题会遇到原则性的困难，主要有以下几个方面。

① 基函数的选取。基函数必须满足本质条件。这一点对于通常选代数或三角多项式为基函数而言是较为困难的，除非计算的区域特别规则。

② Ritz-Galerkin 方程的形成。这需要计算大量的积分。例如取 $n = 100$，则应计算约 5000（对称情形）到 10000 个积分（不对称情形），计算量极其可观，所以在没有电子计算机的年代就成为方程形成的一大障碍。

③ 求解 Ritz-Galerkin 方程。按照传统取基函数的方法，方程组的条件数大，会出现数值不稳定性，无论用迭代法或消元法，都会遇到很大的困难。因此，19 世纪 50 年代有限元法的问世正是克服了 Ritz-Galerkin 方法在选取基函数方面固有困难的基础上发展起来的。可以说是 Ritz-Galerkin 法在引用样条函数方法后的推广。所以，人们有时称它为 Ritz-Galerkin 有限元方法。

3. 有限元法

为了便于读者掌握和了解有限元方法的基本理论，这一节介绍一维和二维边值问题有限元的一般方法。

1）一维问题的线性元

这里仅从 Galerkin 法（基于虚功原理）出发推导有限元方程。至于 Ritz 法，读者可参考有关书籍，因为在后面的水流数学模型中亦仅仅讨论虚功原理的有限元方法。

考虑两点边值问题

$$L\mu = -\frac{\mathrm{d}}{\mathrm{d}x}\left(p\,\frac{\mathrm{d}\mu}{\mathrm{d}x}\right) + q\mu = f, \quad 0 < x < 1 \left.\begin{array}{c}\\\\\end{array}\right\} \tag{5-131}$$
$$\mu(0) = 0, \mu'(1) = 0$$

首先，对区间进行剖分，节点为 $0 = x_0 < x_1 < \cdots < x_i < \cdots < x_n = 1$，相邻节点 x_{i-1}，x_i 之间的小区间 $I_i = (x_{i-1}, x_i)$ 称为单元，其长度为 $h_i = x_i - x_{i-1}$。

其次，在 Sobolev 空间 $H_E^1(I)$ 内作子空间 V_h，它的元素 $\mu_h(x)$ 属于函数空间 $H_E^1(I)$，且 $\mu_h(0) = 0$。显然这是有限维空间，称 V_h 为试探函数空间，$\mu_h \in V_h$ 为试探函数（trial function)。为此，需构造 V_h 的一组基底 φ_1，φ_2，$\cdots\varphi_n$。这里需指出，同一空间 V_h 可取不同基底，但并非任一组基底对实际计算都是可取的。这里对每一个节点 x_i 作出函数。

$$\varphi_i x = \begin{cases} 1 + \dfrac{x - x_i}{h_i}, & x_{i-1} < x < x_i \\ 1 - \dfrac{x - x_i}{h_{i+1}}, & x_i \leqslant x \leqslant x_{i+1} \\ 0 & \text{其他点处} \end{cases} \tag{5-132}$$

$$I = 1, 2, \cdots, n-1$$

$$\varphi_n(x) = \begin{cases} 1 + \dfrac{x - x_n}{h}, & x_{n-1} \leqslant x \leqslant x_n \\ 0 & \text{其他点处} \end{cases}$$

显然 φ_1，$\varphi_2\cdots\varphi_n$ 线性无关，因此可以组成 V_h 的基底。任一 $\mu_h \in V_h$ 可表示成

$$\mu_h(x) = \sum_{i=1}^{n} \mu_i \varphi_i(x), u_i = \mu_h(x_i) \tag{5-133}$$

即

$$V_h = \left\{ \mu_h(x) \,\middle|\, \mu_h(x) = \sum_{i=1}^{n} \mu_i \varphi_i(x), \mu_h(0) = 0 \right\} \tag{5-134}$$

根据双线性泛函的定义，与边值问题式（5-131）相应的双线性形式为

$$\alpha(\mu, \upsilon) = \int_0^1 (p\mu'\upsilon' + q\mu\upsilon)\mathrm{d}x$$

因而 Galerkin 方程为

$$\sum_1^n \alpha(\varphi_i, \varphi_j)\mu_i = \int_0^1 f\varphi_j \mathrm{d}x \quad (j = 1, 2\cdots n) \tag{5-135}$$

由于 $\varphi_i(x_j) = \begin{cases} 1 & (i = j) \\ 0 & (i \neq j) \end{cases}$，显然当 $|j - i| \geqslant 2$ 时，$\varphi_i \varphi_j = 0$，系数矩阵第 j 行只有三个非零元素，即

$$a(\varphi_{j-1}, \varphi_j) = \int_0^1 \left[p(x) \frac{\mathrm{d}\varphi_{j-1}}{\mathrm{d}x} \cdot \frac{\mathrm{d}\varphi_j}{\mathrm{d}x} + q\varphi_j\varphi_{j-1} \right] \mathrm{d}x$$

$$a(\varphi_j, \varphi_j) = \int_0^1 \left(p(x)\left(\frac{\mathrm{d}\varphi_j}{\mathrm{d}x}\right)^2 + q\varphi_j^2 \right) \mathrm{d}x$$

$$a(\varphi_{j+1}, \varphi_j) = \int_0^1 \left[p(x) \frac{\mathrm{d}\varphi_j}{\mathrm{d}x} \frac{\mathrm{d}\varphi_{j+1}}{\mathrm{d}x} + q\varphi_j\varphi_{j+1} \right] \mathrm{d}x$$

而第一行与第 n 行分别只有两个非零元素 $a(\varphi_1, \varphi_1)$ 和 $a(\varphi_{n-1}, \varphi_n)$ 和 $a(\varphi_n, \varphi_n)$。

方程式（5-136）可表示成

$$\sum_{i=1}^n \int_0^1 \left(p(x) \frac{\mathrm{d}\varphi_i}{\mathrm{d}x} \frac{\mathrm{d}\varphi_j}{\mathrm{d}x}u_i + q(x)\varphi_i\varphi_j u_i \right)\mathrm{d}x - \int_0^1 f(x)\varphi_j \mathrm{d}x = 0 \quad (j = 1, 2\cdots n)$$

$$\tag{5-136}$$

若令

$$a_{ij} = \int_0^1 \left(p \frac{\mathrm{d}\varphi_j}{\mathrm{d}x} \frac{\mathrm{d}\varphi_j}{\mathrm{d}x}u_i + q\varphi_i\varphi_j u_i \right)\mathrm{d}x \tag{5-137}$$

$$f_j = \int_0^1 f\varphi_j \mathrm{d}x \qquad (5\text{-}138)$$

则方程式（5-136）又可以写成

$$\sum_{i=1}^{n} a_{ij}u_i = f_i \quad (j=1,2\cdots n) \qquad (5\text{-}139)$$

这是关于 u_i 的线性方程组，a_{ij} 和 f_j 都是已知量，故解出 u_i，即可求得边值问题式（5-132）的解

$$u_h = \sum_{i=1}^{n} u_i\varphi_i(x)$$

方程组（5-140）有这样几个特点：

① 矩阵 $A=(a_{ij})$ 是对称、正定的；

② 矩阵 $A=(a_{ij})$ 是稀疏的，非零元素集中在三角线上，当 $|i-j| \geqslant 2$ 时，$\varphi_i\varphi_j=0$，$\dfrac{d\varphi_i}{dx} \cdot \dfrac{d\varphi_j}{dx}=0$，所以 $a_{ij}=0$；

③ 边界条件 $u'(1)=0$ 不需要特别处理，是自然边界条件，换句话说，当 u 满足方程就必然满足此条件。

此外，有限元方程式（5-140）是按 Galerkin 方法推导的，显得方便直接，尤其避免了极小位能原理求隐函极值的要求，所以不但可以用于保守场问题，也可以用于非保守及非驻定问题。因此，基于虚功原理的观点建立有限元方程是当前有限元法中广泛采用的方法。

2) 二维问题的三角元

在二维边值问题的有限元法中，常用的单元形状函数可以有矩形元、三角形元和曲线边元等。在这些形状函数中，三角剖分应用最广，因三角剖分最为简单，能灵活地构造不均匀网格，并且能很好地逼近复杂的区域边界。在此只介绍三角形元剖分的有限元法。

（1）三角剖分

设平面域 G，如果 G 的边界 Γ 是曲线，则可以裁弯取值，用适当折线逼近。这样就可将 G 近似地看作是多边形区域，仍记为 G。

现将 G 分为一系列三角形，更确切地说，剖分为

点元：A_1，A_2，$\cdots$，A_{N_0}；

线元：B_1，B_2，$\cdots$，B_{N_1}；

面元：C_1，C_2，$\cdots$，C_{N_2}。

N_0，N_1 和 N_2 为点、线、面元的个数。面元是三角形，线元是直线段，每个面元以三个线元为其边，也以三个点元为其顶点，每个线元以两个点元为其端点即顶点。作三角剖分的示意图如将点元、线元、面元都编上号并给出：

① 点元坐标 (x_k, y_k)，$k=1$，2，$\cdots$，N_0；

② 线元两顶点的编号 (m_{1k}, m_{2k})，$k=1$，2，$\cdots$，N_1；

③ 面元三顶点的编号 (n_{1k}, n_{2k}, n_{3k})，$k=1$，2，$\cdots$，N_2，则剖分就完全确定。

对于区域进行三角剖分，除必须与问题的物理条件相协调外，一般说来是可以任意的，疏密交错，这亦是有限元的一个优点。

但在具体剖分时应注意下列几点：

① 三角元互不重叠；

② 三角元的顶点（或者边界上的点）不能是相邻三角元的内点，也不能是其他三角形边上的点；

③ 尽可能避免出现太"扁"或太"尖"的三角形；

④ 部分疏密的过渡不要太陡。

不然，会引起离散后代数方程组系数矩阵的病态，不利于计算，影响精确度和收敛性。

对平面域 G 做三角剖分时，点、线、面元的个数 N_0，N_1，N_2 之间有一定的关系。尤拉公式

$$N_0 - N_1 + N_2 = 1 - P$$

P 为域 G 内的孔数，单域时 $P=0$。这公式不限于三角剖分，对其他剖分也成立。它表示 $N_0 - N_1 + N_2$ 是个变量，称为 G 的拓扑不变量。

由于三角元以三个线元为边，每个线元又邻接两个（内部）或一个（边界上面元），因此又有 $3N_2 = 2N_1 - N_1'$，其中 N_1' 为边界线元的个数。

在计算实践中，为剖分较细时（即 $N_1 \geqslant N_1'$），则 $3N_1 \approx \frac{3}{2} N_2$。又若 $N_0 - N_1 + N_2 \approx 0$ 即 $N_0 \approx N_1 - N_2 \approx \frac{3}{2} N_2 - N_2 = \frac{1}{2} N_2$，因此有近似比例关系式 $N_0 : N_2 : N_1 = 1 : 2 : 3$。这个近似关系式仅对三角形剖分成立。

（2）三角形上的线性插值函数的微分运算

a. 三角元上的线性插值

有限元法的离散化中，求解函数 $u(x, y)$ 在各个单元上当用适当的插值函数代替，最简单和最被广泛采用的是线性插值函数，它亦是其他插值方法的基础。

设任意三角形 $\Delta (A_1, A_2, A_3)$，顶点 A_i 的坐标为 (x_i, y_i)，$i=1, 2, 3$；又设函数 $u(x, y)$ 在顶点的值为 $u_i = u(x_i, y_i)$，$i=1, 2, 3$。由于要计算相应的泛函的数值就要进行积分，故必须利用节点上的数值来设法构造元素内部的函数值。利用线性插值，可设在三角形 Δ 上 u 是 x，y 的线性函数。

$$u(x, y) = ax + by + c \tag{5-140}$$

其中常数 a，b 及 c 可由节点上的函数值来确定，即将节点坐标 (x_i, y_i)，$i=1, 2, 3$ 代入式（5-140），得

$$\begin{cases} u_1(x_1, y_1) = ax_1 + by_1 + c = u_1 \\ u_2(x_2, y_2) = ax_2 + by_2 + c = u_2 \\ u_3(x_3, y_3) = ax_3 + by_3 + c = u_3 \end{cases} \tag{5-141}$$

由此就可解得

$$a = \frac{1}{2\Delta e} \sum_{1,2,3} \eta_i u_i$$

$$b = \frac{1}{2\Delta e} \sum_{1,2,3} \varepsilon_i u_i$$

$$a = \frac{1}{2\Delta e} \sum_{1,2,3} \omega_i u_i$$

其中 $\sum\limits_{1,2,3}$ 表示对 1，2，3 轮流作和，如

$$\sum_{1,2,3} \eta_i u_i = \eta_1 u_1 + \eta_2 u_2 + \eta_3 u_3$$

而 $\eta_1 = y_2 - y_3$，$\eta_2 = y_3 - y_1$，$\eta_3 = y_1 - y_2$。

至于其他两和式亦相同，其中

$$\xi_1 = x_2 - x_3, \xi_2 = x_3 - x_1, \xi_3 = x_1 - x_2$$

$$\omega_1 = x_2 y_3 - x_3 y_2, \omega_2 = x_3 y_1 - x_1 y_3, \omega_3 = x_1 y_2 - x_2 y_1$$

又 Δe 表示该三角形的面积

$$\Delta e = \frac{1}{2} \begin{vmatrix} x_1 & y_1 & 1 \\ x_2 & y_2 & 1 \\ x_3 & y_3 & 1 \end{vmatrix} = \frac{1}{2} \left[x_1(y_2 - y_3) - x_2(y_1 - y_2) + x_3(y_1 - y_3) \right]$$

$$= \frac{1}{2}(\xi_1 \eta_2 - \xi_2 \eta_1)$$

这样可得到三角元 Δ 上 u 的插值函数为

$$u(x,y) = \frac{1}{2\Delta e} \left[\sum_{1,2,3} (\eta_i x - \xi_i y + \omega_i) u_i \right] \tag{5-142}$$

若令

$$\varphi_i(x,y) = \frac{1}{2\Delta e}(\eta_i x - \xi_i y + \omega_i), i = 1, 2, 3$$

则

$$u(x,y) = \sum_{i=1}^{3} u_i \varphi_i(x,y)$$

$\phi_i(x，y)$ 可称为三角元上线性插值的基函数，它们本身也是线性函数，并且满足

$$\varphi(x_j, y_j) = \delta_{ij} = \begin{cases} 1 & \text{当 } i = j \\ 2 & \text{当 } i \neq j \end{cases}$$

和 $\quad \varphi_1 + \varphi_2 + \varphi_3 = 1$

b. 线性插值函数的微积分运算

此外由于基函数 φ_i 是线性函数，则偏导数为常数

$$\frac{\partial \varphi_i}{\partial x} = \frac{\eta_i}{2\Delta e}, \frac{\partial \varphi_i}{\partial y} = \frac{\xi_i}{2\Delta e} \tag{5-143}$$

而

$$\frac{\partial u}{\partial x} = \sum_{i=1}^{3} u_i \frac{\partial \varphi_i}{\partial x} = \sum_{i=1}^{3} \eta_i u_i / 2\Delta e$$

$$\frac{\partial u}{\partial y} = \sum_{i=1}^{3} u_i \frac{\partial \varphi_i}{\partial y} = \sum_{i=1}^{3} \xi_i u_i / 2\Delta e$$

又根据积分公式

$$\iint_\Delta \varphi_1^p \cdot \varphi_2^q \cdot \varphi_3^r \mathrm{d}x\mathrm{d}y = \frac{p!q!r!}{(p+q+r+2)} \cdot 2\Delta e \tag{5-144}$$

可得插值函数的积分 $\iint_\Delta \varphi \mathrm{d}x\mathrm{d}y$，计算列表如下（表 5-1）。

φ ＼ ϕ	1	φ_j	$\partial\varphi_j/\partial x$	$\partial\varphi_j/\partial y$
1	Δe			
φ_i	$\Delta e/3$	$(1+\delta_{ij})\,\Delta e/12$		
$\partial\varphi_i/\partial x$	$\varepsilon\eta_i/2$	$\varepsilon\eta_i/6$	$\eta_i\eta_j/4\Delta e$	
$\partial\varphi_i/\partial y$	$-\varepsilon\xi_i/2$	$-\varepsilon\xi_i/6$	$-\varepsilon\eta_i/4\Delta e$	$\varepsilon\xi_i\xi_i/4\Delta e$

$$表中\ \varepsilon=\mathrm{sign}D=\mathrm{sign}\begin{vmatrix} x_1 & y_1 & 1 \\ x_2 & y_2 & 1 \\ x_3 & y_3 & 1 \end{vmatrix}=\begin{cases} 1 & 当\ D>0 \\ -1 & 当\ D=0 \end{cases}$$

（3）线元上的线性插值

取三角形 $C=(A_1,\ A_2,\ A_3)$ 的一个任意边，例如线元 $(A_1,\ A_2)=B$，设 s 为由 A_1 至 A_2 的弦长变量，C 上的函数 $u(x,\ y)$ 及基函数 $\varphi_i(x,\ y)$ 在 B 的值记为 $u(s)$；由于 φ_3 在 A_3 的对边即 $(A_1,\ A_2)$ 上恒为 0，故有

$$u(s)=\sum_{i=1}^{2}u_i\varphi_i(s)$$

因此，在 B 上，$u(s)$ 就是 $u(s)$ 在两端的值 u_1，u_2 所产生的线性插值，与第三个顶点 u_3 无关。因此在线元 B 上，用两顶点的线性插值与以 B 为一面的面元 C 的三顶点线性插值的结果是一致的。

令 L 为线元 B 的长度

$$L=\sqrt{(x_1-x_2)^2+(y_1-y_2)^2} \tag{5-145}$$

显然有 $\varphi_1(s)=1-\dfrac{s}{L}$，$\varphi_2(s)=\dfrac{s}{L}$ 而 $\dfrac{\partial\varphi_i}{\partial s}=(-1)^i/L$ 与三角面元类似，在线元 $B=(A_1,\ A_2)$ 上。

有下列公式

$$\varphi_i(x_i,y_i)=\delta\quad i,j=1,2$$
$$1=\varphi_1+\varphi_2$$
$$x=x_1\varphi_1+x_2\varphi_2$$
$$y=y_1\varphi_1+y_2\varphi_2$$
$$\int_b \varphi_1^p\varphi_2^p\mathrm{d}s=\frac{p!q!L}{(p+q+2)!}$$

则得积分表 5-2

φ ＼ ϕ	1	φ_j	$\partial\varphi_j/\partial s$
1	L		
φ_j	$L/2$	$L(1+\delta_{ij})/6$	
$\partial\varphi_j/\partial s$	$(-1)^i$	$(-1)^i/2$	$(-1)^{i+j}/L$

（4）例题

至此，我们已讨论了二维问题中的三角元的有关问题。这些问题是：对求解域做三角元剖分；构造基函数（活单元形状函数）以及有关基函数的微分运算。因此在将边值问题转化成变分问题后，利用这些就可以形成有限元方程。

现以 Poission 方程第一边值问题为例，说明二维问题中的三角元的有限元法解题的主要过程。

Poission 方程

$$-\Delta u = f(x,y) \quad (x,y) \in G \tag{5-146}$$

G 是 xy 平面上的一个有界域，其边界 Γ 是分段光滑的简单闭曲线。

现给出第一边值条件

$$u(x,y)\Big|_{\Gamma} = \alpha(x,y) \tag{5-147}$$

① 将边值问题（5-147）（5-148）化成等价的变分形式（虚攻原理）：求 $u \in H^1(G)$，$u|_{\Gamma} = \alpha$，使 $\alpha(u,v) = (f,v)$，对任意 $v \in H^1(G)$，其中

$$\alpha(u,v) = \iint_G \left(\frac{\partial u}{\partial x}\frac{\partial v}{\partial x} + \frac{\partial u}{\partial y}\frac{\partial v}{\partial y} \right)\mathrm{d}x\mathrm{d}y \tag{5-148}$$

② 对区域 G 作三角元剖分。首先在 Γ 上取有限个点，依次连成一团多边形 Γ_h（h 表示单元的最大直径），以此近似代替 Γ，并以 Γ_h 围成的多边形域 G_h 近似代替 G。然后将 G_h 分割成有限个三角单元，从而得到 G_h 的一个三角剖分。确定剖分后，按一定次序将节点（单元顶点）编号。第 i 号点的坐标记为 (x_i, y_i)。设 $\mu = (\mu_1, \mu_2, \mu_3)$，用 $\Delta_\mu = \Delta(\mu_1, \mu_2, \mu_3)$ 表示一三角单元，其顶点的编号为 μ_1, μ_2, μ_3，并且端点排列顺序 μ_1, μ_2, μ_3 符合逆时针方向。s_μ 表示 Δ_μ 的面积。

③ 构造基函数活单元形式函数。若我们采取线性元，则每一个节点 i 对应一基函数 φ_i，φ_i 的支集是一切以 i 为顶点的三角单元 $\Delta_\mu = \Delta(i, j, k)$（$\mu_1 = i, \mu_2 = j, \mu_3 = k$）。

由前显然 φ_i 在 Δ_p 上的限制为

$$\varphi_i = \frac{1}{2s_p}(\eta_i x - \xi_i y + \omega_i)(i = 1,2,\cdots,N) \tag{5-149}$$

其中
$$\eta_1 = y_2 - y_3, \eta_2 = y_3 - y_1, \eta_3 = y_1 - y_2$$
$$\xi_1 = x_2 - x_3, \xi_2 = x_3 - x_1, \xi_3 = x_1 - x_2$$
$$\omega_1 = x_3 y_2 - x_2 y_3, \omega_2 = x_3 y_1 - x_1 y_3, \omega_3 = x_1 y_2 - x_2 y_1 \tag{5-150}$$

$$2S_\mu = \begin{vmatrix} x_1 & y_1 & 1 \\ x_2 & y_2 & 1 \\ x_3 & y_3 & 1 \end{vmatrix} \tag{5-151}$$

若与 i 相邻的所有节点为 $I_e(e = 1, 2, \cdots, m)$，则只要在式（5-149）、式（5-151）中依次取 $2 = l$，$3 = le - 1$，其中 $e = 1, 2, \cdots, m$，$l_{m+1} = l_1$，或 $e = 1, 2, \cdots, m-1$，就可得到 φ_i 在支集上的表达式。

④ 形成有限元方程假定内点的编号 $1, 2, \cdots, n_1$；界点的编号是 $n_1 + 1, n_2 + 2$，$n_1 + n_2$，则有限元方程为

$$\sum_{i=1}^{n_1} a(\varphi_i, \varphi_j) u_i = (f, \varphi_i) - \sum_{i=n_1+1}^{n_1+n_2} a(\varphi_i, \varphi_j) a_i \quad j = 1, 2, \cdots, n_1$$

其中 $a_i = a(x_i, y_i)$，$i = n_1 + 1, \cdots, n_1 + n_2$，

$$(f, \varphi_i) = \iint\limits_{G} f\varphi_i \mathrm{d}x\mathrm{d}y = \frac{1}{2} \sum \frac{1}{s} \iint\limits_{\Delta_\mu} (\eta_i x - \xi_i y + \omega_i) f \mathrm{d}x\mathrm{d}y \qquad (5\text{-}152)$$

$\sum\limits_{\mu}$ 表示所有以 j 为顶点的 Δ_μ 求和。而

$$a(\varphi_i, \varphi_j) = \iint\limits_{c} \left(\frac{\partial \varphi_i}{\partial x} \cdot \frac{\partial \varphi_j}{\partial x} + \frac{\partial \varphi_i}{\partial y} \cdot \frac{\partial \varphi_j}{\partial y} \right) \mathrm{d}x\mathrm{d}y$$

$$= \sum_\mu \frac{1}{4S_\mu^2} \iint\limits_{\Delta_\mu} (\eta_i \eta_j + \xi_i \xi_j) \mathrm{d}x\mathrm{d}y$$

$$= \frac{1}{4} \sum_\mu \frac{1}{S_\mu} (\eta_i \eta_j + \xi_i \xi_j)$$

$$i, j = 1, 2, \cdots, n_1 + n_2$$

这里 $\sum\limits_{\mu}$ 表示所有以 ij 为边的三角单元求和（$i = j$ 是以 j 为顶点的单元求和）。

以上所述，从边值问题化为变分问题，直至形成有限元方程式（5-152）可以说是有限元法解决问题的主要过程，而不是全过程。因为要最终解决问题还需根据问题的规模和所采用的计算机的容量速度等，选取适当的求解有限元方程的方法，这亦是问题极为关键的一步，是主要计算集中之处。

第六章 工程应用实例

第一节 张峰水库溢洪道水工模型试验研究

一、试验目的与内容

（1）试验库水位与泄量的关系，验证泄流能力。

（2）在设计、校核条件下，获得各部位的水流流态、水面线和流速分布；验证各部位体型的合理性。

（3）通过试验优化溢洪道挑流消能工的体型尺寸。

（4）通过模型试验对工程布置提出优化建议，使工程满足有关规程规范要求。

二、模型设计及制作

1. 模型范围及比尺选择

模型范围：溢洪道前取库区 200m，溢洪道下游区挑坎后 300m。

模型按重力相似准则设计，采用正态整体模型。根据试验设备、场地及精度的要求，采用长度比尺 $\lambda_L = 80$。水流相应各物理量比尺为：

长度比尺：$\lambda_L = \lambda_H = 80$

流速比尺：$\lambda_V = \lambda_L^{1/2} = 8.94$

流量比尺：$\lambda_Q = \lambda_L^{2.5} = 52743.34$

糙率比尺：$\lambda_n = \lambda_L^{1/6} = 2.076$

水流时间比尺：$\lambda_t = \lambda_L / \lambda_V = 8.94$

2. 模型制作及量测仪器

溢洪道系钢筋混凝土结构，其糙率为 $n_m = 0.015/\lambda_n = 0.00723$，有机玻璃和聚氯乙烯板材料糙率 $n = 0.007 \sim 0.009$，故模型采用这两种材料制作能够满足糙率要求。溢洪道底板采用聚氯乙烯板，侧墙均选用有机玻璃板制作以便于观测流态。模型中库区部分依据设计单位提供的库区地形图，按长度比尺缩制，表面用水泥砂浆抹面。模型制作能满足《水工模型试验规程》的精度 $\lambda_V = \lambda_L^{1/2} = 8.94$ 要求。

此项试验所用量测设备：流量采用薄壁矩形堰量测；水流纵向或横向水面线采用活动测针测读；流速选用 csy——直读式小流速仪和毕托管量测。

三、原始方案试验成果分析

1. 概况

该溢洪道为正槽溢洪道，其中引渠段长 150m，底高程为 748m，为喇叭口形扩散布置；闸室段长 32m，闸墩厚 2.5m，闸孔净宽 12m，共四孔，溢洪堰为无底坎宽顶堰，顶堰高程 748.0m，闸室后泄槽净宽 55.5m，其中急流段底坡为 1/2.9，由抛物线 $y=0.017x+0.013x^2$ 将急流段和陡坡段连接；挑流段长 8.583m，反弧半径 12m，挑角 23°，鼻坎顶高程 705.5m，具体布置及体型尺寸详见设计图 6-1。设计（$P=1\%$）流量为 1725m³/s，相应的库水位为 760.47m，校核（$P=0.05\%$）流量为 4279m³/s，相应的库水位为 762.7m。

2. 溢洪道泄流能力

试验所得各工况时库水位与相应泄流量关系如图 6-1 所示。溢洪道设计图如图 6-2 所示。

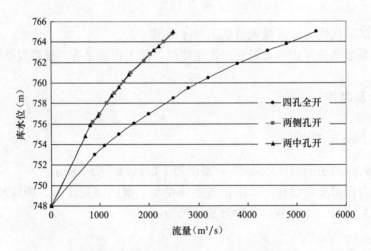

图 6-1　原方案库水位—流量关系曲线

由图看出：百年一遇洪水时，库水位为 760.47m。无论是中间两孔开启还是两侧孔开启，相应试验泄流量均为 1570m³/s，比计算值 1725m³/s 小 155m³/s，约小 8.98%。千年一遇洪水时，库水位为 762.47m 相应试验泄流量为 4145m³/s，比计算值 4279m³/s 小 134m³/s，约小 3.13%。试验所得的溢洪道泄流能力不满足计算要求。分析试验流量值和计算值相差较大的主要原因有以下两点：1）从库区至闸室的水头损失难以准确计算；2）喇叭口引渠过长。

3. 流态、水面线及流速分布

1）流态

校核条件下，库区和引渠流态大体平稳，在局部地区水流流态复杂。在 0-040 断面左侧刺墙与岸坡连接处，边界条件变化较大，故该断面左侧附近水面略有波动，右侧水流较平顺。受闸墩的影响，该段水流极不平稳，水流在闸室里形成冲击波（菱形波）传至下

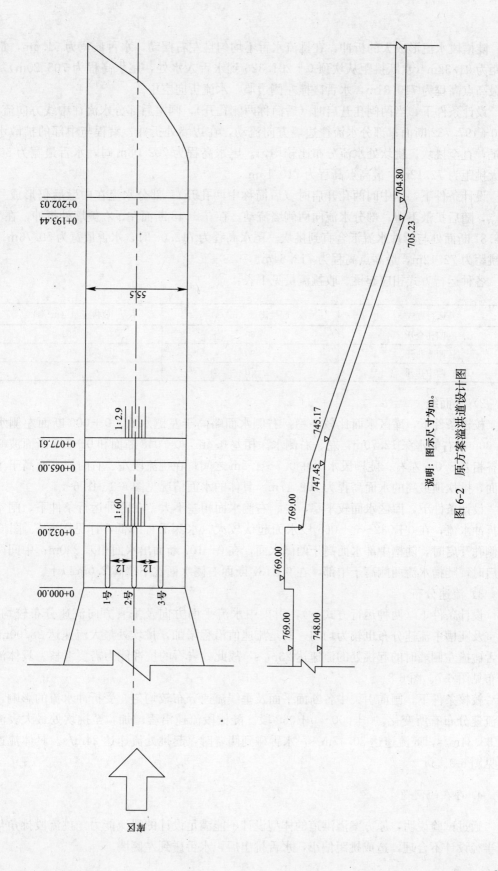

说明：图示尺寸为m。

图 6-2　原方案溢洪道设计图

游。陡槽段水流形成大的折冲，在挑流水舌不均匀且左右摆动，水舌最宽为54.5m，最大挑距为91.32m（水跃挑距从坎顶0+201.326到水舌入水处，尾水高程为705.20m），水舌最高点高程为710.31m，水舌碰撞左侧边墙，水流折向空中。

设计条件下，当两侧孔开启时（后简称两侧孔开），闸室后部分水流往中线方向流动，在0+197.732断面；部分水流往边墙方向流动，在边墙处折冲，沿程与中部的扩散水流交汇，直至挑坎。挑坎处水流分布比较均匀。尾水高程为702.08m时，水舌最宽为50m，最大挑距为72.12m，最高点高程为710.15m。

设计条件下，当中间两孔开启时（后简称中两孔开），部分水流在中墩后仍形成一交汇点，随后扩散下泄；部分水流向两侧墙流动，在0+048断面左、右侧墙处折冲，在0+088.81断面处与折冲水流汇合直到挑坎。尾水高程为712.08时，水舌最宽为50.76m，最大挑距为72.12m，最高点高程为712.64m。

各种运行方式相应起挑、收挑流量见下表：

运行方式	起挑流量（m³/s）	收挑流量（m³/s）
四孔全开	60	50
两侧孔开	90	65
两中孔开	70	55

2）水面线

校核条件下，库区水面比较平稳，右侧水面略高于左侧水面。0+000断面左侧水深12.30m，右侧水深12.70m，左、右侧水深相差0.4m，0+048断面和0+065断面波峰和波谷相差3.0m左右；陡槽段水深在0.7～1.3m之间；在挑流段左、右两侧水面高于中部水面，挑坎顶最高的水面高程为709.17m。具体的水面情况见图6-3、图6-4。

设计条件下，库区水面较平稳，左、右侧水面相差不大。在两种运行条件下，闸室均有折冲水流，在0+032～0+065段水面起伏较大。水深沿程降低，详见图6-5、图6-6。两侧孔开启时，陡槽中部水面高于两侧水面，在0+107断面出水面相差2.0m；中间两孔开启时，陡槽水流两侧高于中部，在0+137断面右侧水面比中线高2.0m以上。

3）流速分布

设计条件下（两种运行方式下），引渠中水流平面方向及垂直方向流速分布较均匀。闸室及陡槽中流速分布也较为均匀，只是流速值沿程增加，挑坎处最大流速达28.00m/s，水舌碰撞左侧墙时的起挑处的流速达23m/s，故此处岩石的抗冲能力需要考核。具体流速分布见图6-7、图6-8。

校核条件下，闸前引渠中各断面平面及垂线流速分布较均匀。受折冲水流的影响，垂线流速分布有所变化。0+000～0+065段、陡槽段流速沿程增加，至挑坎处最大表流速达32.34m/s，底流速达30.47m/s，水舌碰到侧墙时，起挑处流速达24m/s。具体流速分布见图6-9。

4. 存在的问题

通过试验说明，原方案溢洪道的体型设计不能满足设计的泄流能力。挑流段挑角与反弧半径设计不合理，造成挑距偏小，水舌挑出后，水舌碰到左侧墙。

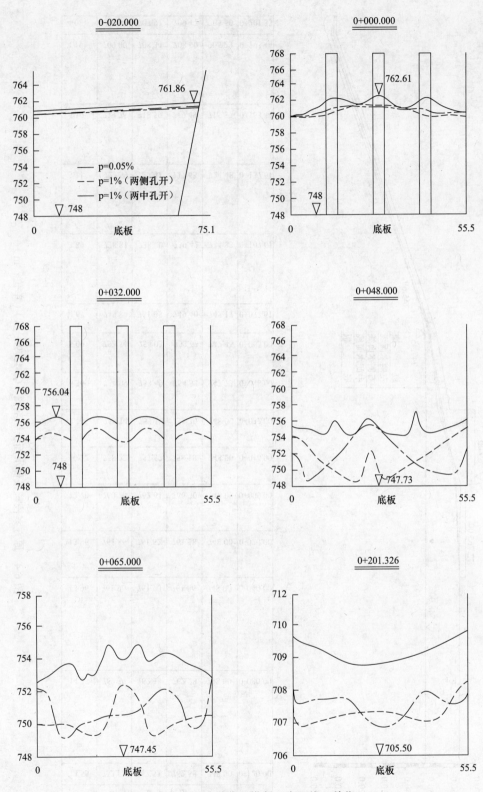

图 6-3 原方案溢洪道典型横断面水面线（单位：m）

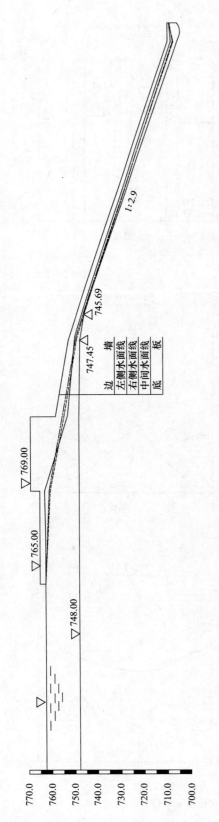

图 6-4　原方案校核条件水面线纵剖图（Q=4279m³/s）（单位：m）

桩号	底板高程	水面高程 左	水面高程 中	水面高程 右	边墙高度
0-120.00	748.00	762.55	762.52	762.58	14.55
0-080.00	748.00	762.37	762.33	762.28	14.37
0-040.00	748.00	761.96	761.90	761.86	13.96
0-020.00	748.00	761.86	761.62	761.38	13.86
0+000.00	748.00	760.70	760.61	760.30	12.70
0+016.00	748.00	758.22	757.57	758.18	10.22
0+032.00	748.00	755.14	755.30	753.12	7.14
0+048.00	747.73	754.09	754.52	753.49	6.36
0+065.00	747.45	752.54	752.63	754.03	5.09
0+077.61	745.17	749.84	749.40	751.05	4.67
0+107.61	734.83	738.81	738.20	739.42	3.89
0+137.61	724.48	727.59	727.63	727.41	3.11
0+163.44	715.57	719.76	719.49	718.59	4.19
0+193.44	709.00	705.23	708.90	708.34	4.19
0+201.33	705.50	709.17	707.97	708.88	4.08

图中标注：▽769.00　▽765.00　▽748.00　△747.45　△745.69　1:2.9

图例：边墙　左侧水面线　右侧水面线　中间水面线　底板

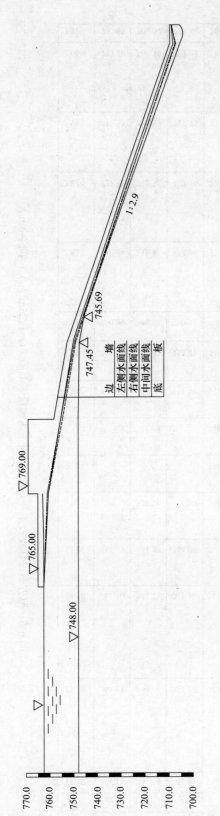

桩号	底板高程	水面高程 左	水面高程 中	水面高程 右	水深
0-120.00	748.00	761.18	761.09	761.06	13.14
0-080.00	748.00	761.06	761.06	761.04	13.00
0-040.00	748.00	760.97	760.98	761.08	12.97
0-020.00	748.00	760.87	760.98	760.93	12.87
0+000.00	748.00	759.87		759.40	11.40
0+016.00	748.00	755.18		755.67	7.67
0+032.00	748.00	753.66		753.88	5.88
0+048.00	747.73	753.56	751.92	753.97	5.83
0+065.00	747.45	750.14	752.84	750.00	2.59
0+077.61	745.17	746.76	750.40	746.72	1.59
0+107.61	734.83	735.81	737.82	735.85	4.99
0+137.61	724.48	725.22	726.69	725.25	0.74
0+163.44	715.57	716.37	717.34	716.37	0.80
0+193.44	705.23	706.20	706.96	706.26	0.97
0+201.33	705.50	708.16	706.71	708.12	2.66

图 6-5 原方案设计校核条件（两侧孔开）水面线纵剖图（$Q=1725\mathrm{m}^3/\mathrm{s}$）（单位：m）

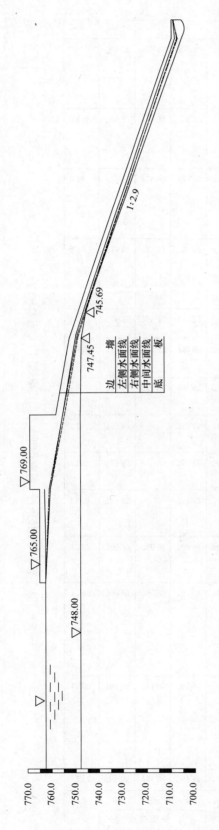

图6-6 原方案设计校核条件（两中孔开）水面线纵剖图（Q=1725m³/s）（单位：m）

桩号	底板高程	水面高程 左	中	右	水深
0-120.00	748.00	761.21	761.20	761.15	13.15
0-080.00	748.00	761.16	761.16	761.15	13.15
0-040.00	748.00	761.10	761.11	761.10	13.10
0-020.00	748.00	761.05	761.08	761.07	13.07
0+000.00	748.00		760.98		
0+016.00	748.00				
0+032.00	748.00		761.08		
0+048.00	747.73	751.97	754.54	751.52	3.79
0+065.00	747.45	752.42	750.42	752.64	5.19
0+077.61	745.17	750.02	746.98	750.09	4.92
0+107.61	734.83	738.04	735.86	737.64	2.82
0+137.61	724.48	727.16	725.35	727.52	3.04
0+163.44	715.57	716.75	716.67	717.53	1.96
0+193.44	705.23	706.39	706.19	707.19	2.06
0+201.33	705.50	708.46	706.07	707.87	2.37

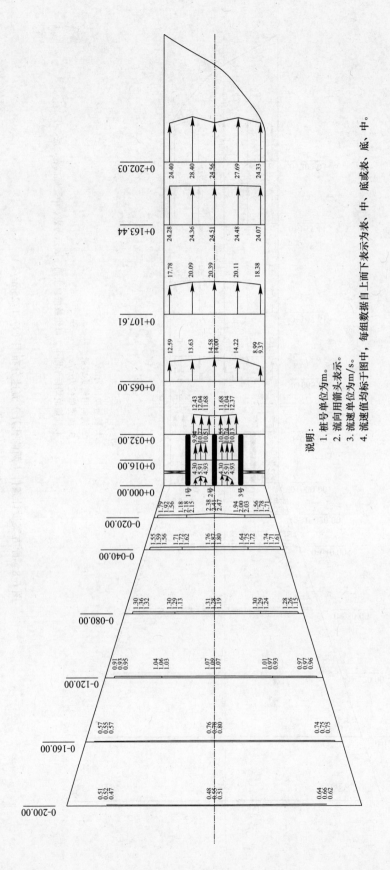

图 6-7 原方案设计条件（两中孔开）流速分布图（Q=1725m³/s）

说明：
1. 桩号单位为m。
2. 流向用箭头表示。
3. 流速单位为m/s。
4. 流速值均标于图中，每组数据自上而下表示为表、中、底或表、底、中。

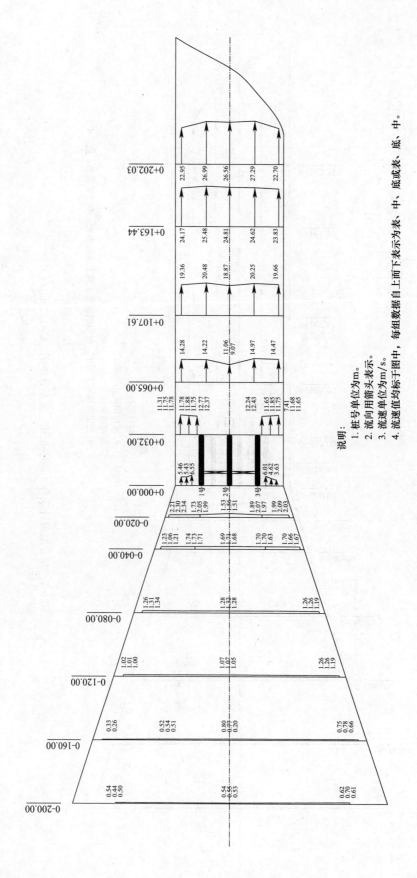

说明：
1. 桩号单位为m。
2. 流向用箭头表示。
3. 流速单位为m/s。
4. 流速值均标于图中，每组数据自上而下表示为表、中、底或表、底、中。

图 6-8　原方案设计条件（两侧孔开）流速分布图（Q=1725m³/s）

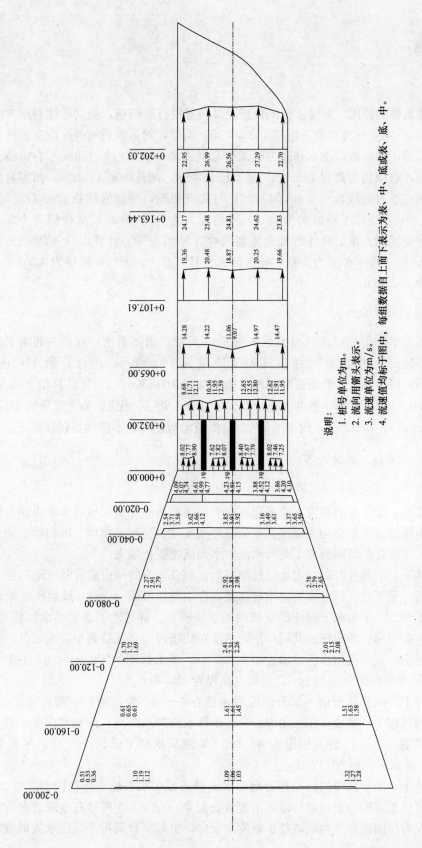

说明：

1. 桩号单位为m。
2. 流向用箭头表示。
3. 流速单位为m/s。
4. 流速值均标于图中，每组数据自上而下表示为表、中、底或表、中、中。

图 6-9　原方案校核条件（四孔全开）流速分布图（Q=4279m³/s）

91

四、修改方案一

1. 概况

鉴于地质条件的原因，对溢洪道的位置及其布置进行了调整：溢洪道往右岸方向平行移动了 16.15m；闸室往溢洪道下游移了 33.45m；同时，对溢洪道的引渠段布置进行了修改，由原方案的正向喇叭口进水修改为圆弧形弯道进水。引渠段长 150m 左右，溢流堰为无底坎宽顶堰，堰顶仍为高程 748.0m。闸室段长 34m，闸孔净宽 4×12m。闸室后泄槽净宽 55.5m，闸室通过曲线段（$y=0.0131x^2$）与陡坡相连，陡坡底坡修改为 1/2.5。挑流段加长为 16.87m，反弧半径加大为 20m，挑角加大为 50°，鼻坎顶高程仍为 705，50m。挑流段后的布置同原方案。具体布置及体型尺寸详见图 6-10。计算设计（$P=1\%$）流量为 1741m³/s，相应的库水位为 760.60m；计算校核（$P=0.05\%$）流量为 4376m³/s，相应的库水位为 762.68m。

2. 溢洪道的泄流能力

试验所得库水位与相应泄流量关系如图 6-11 所示。由图看出：百年一遇洪水时，库水位为 760.60m，两中孔开时相应试验泄流量为 1609m³/s，比计算值 1741m³/s 小 132m³/s，约小 10.9%；两侧孔开时相应试验泄流量为 1550m³/s，比计算值 1741m³/s 小 189m³/s，约小 7.6%。千年一遇洪水时，库水位为 762.68m，相应试验泄流量为 4167m³/s，比计算 4367m³/s 小 209m³/s，约小 4.8%。溢洪道泄流能力仍不能满足设计要求。

3. 流态、水面线及流速分布

1）流态

设计条件下，库区和引渠内水流平稳，在引渠边界条件突变区域，水流表面出现小范围波动，对引渠的安全不会构成危害。水流流经闸室时，受到了闸墩、闸门槽、边墙、弧形门的阻挡，水流在闸墩间形成了菱形水流，水面流速变化较大。

设计条件下，中两孔开时，水流经过闸室后，部分水流向两边墙方向流动，在 0+049 断面边墙处折冲至下游；部分水流向中墩靠拢，在中墩后形成一驻点，随后扩散至 0+099 与折冲水流汇合。从下游向上游俯瞰陡槽内的水流形态，陡槽水流表面形成倒梯形形态。由于折冲水流和中部扩散水流的共同作用，水流在陡槽内一直保持着中部水面低，两侧水面高的水面形态，直至挑射水舌。水舌最宽 58.4m，最大挑距为 88.7m（挑距从坎顶 0+166.00 计，尾水高程为 700.692m），最高点高程为 715.81m。

设计条件下，两侧孔开时，部分闸室后水流在 0+049 处折冲，中墩后形成一驻点，水流在下泄的过程中扩散成一正三角形。导致中部水流的水面高，两侧水面低，直至挑射水舌。水舌最宽 52.8m，最大挑距为 86.3m（挑距从坎顶 0+166.00 计，尾水高程为 700.692m），最高点高程为 717.03m。

校核条件下，四个弧形闸门全部开启，水流沿圆弧引水渠较为平稳的到达 0-035。但是由于引水渠的布置的特点，部分地区水流流态复杂：在 0-155 桩号右岸附近水流表面出现小波动；在右岸圆弧形平台刺墙处水流发生变向，引起平台周围小范围水流的波动；于

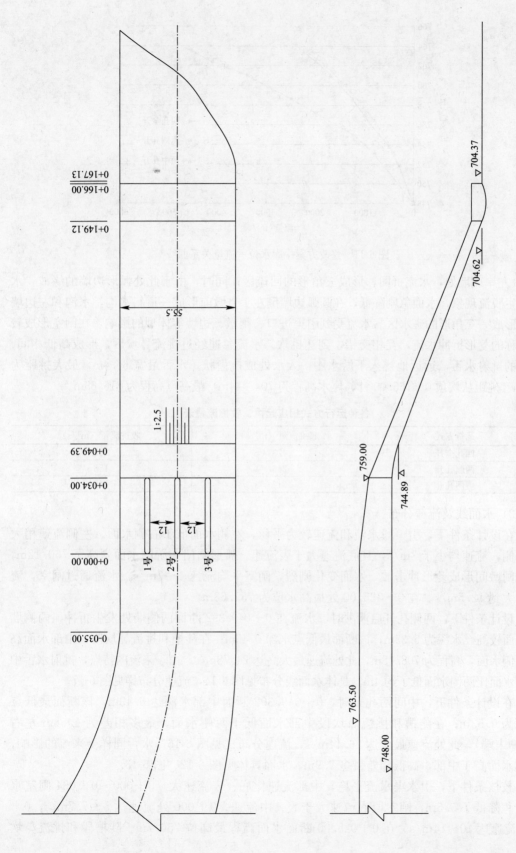

图 6-10　修改方案—溢洪道设计图（单位：m）

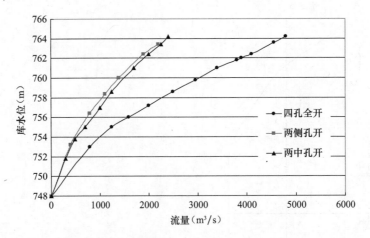

图 6-11　修改方案一库水位—流量关系曲线

0-043 左岸刺墙处，水流折回，形成三角形的回流区；同时，由于此处弧形边墙的缘故，水流发生脱流现象，水面急剧降低，在圆弧边墙倒左 1 号墩前形成一道斜水沟，水沟和左边墙之间形成一三角形的雍水区。水流受到引渠进口、闸墩、边墙等体型的影响，在闸室形成较为对称的菱形折冲水流，互相交错，到达挑坎。水流急速经过挑流鼻坎后，形成高低相间、对称的挑射水舌，远远地挑入下游水中，入水处成梳齿状。水舌最宽 66.4m，最大挑距为 104m（挑距从坎顶 0+166.00 计，尾水高程为 704.344m）最高点高程为 716.65m。

各种运行方式相应起挑、收挑流量表

运行方式	起挑流量（m³/s）	收挑流量（m³/s）
四孔全开	423	255
两侧孔开	246	158
中两孔开	217	146

2）水面线及流速分布

在设计条件下，引渠段水流和流速较为平稳，左侧水面低于右侧水面。左侧流速稍大于右侧，流速均小于 3m/s，且底流速大于表流速。弧形闸门上游端水面雍高至 760.12m，泄水闸墩间形成菱形冲击波，水面变化剧烈，闸室平均流速 4～7m/s。水流通过闸室，流速增大到 12.5m/s。在 0+025.00 处最高水位为 755.63m。

设计条件下，两侧孔开启泄洪时，水流在 0+049.392 断面两侧墙处发生折冲，两侧墙处水面较高，水深为 5.33m，该断面最低点水深 0.46m；在陡槽和挑流鼻坎段，中部水面高于两侧水面，高程为 708.18m，此处流速最大高达 24.78m/s。由于来流的特点，挑射水舌中部的水面比两侧水面低了约 4m。具体水面线分布见图 6-14，流速分布详见图 6-17。

在设计条件下，中间两孔开时，0+049.392 断面中部水深达 6.43m，该断面最低点水深为 0.53m；在陡槽和挑流鼻坎段中部水面低于两侧水面，最多相差为 1.58m 左右（陡槽末端），此处流速最大达 26.44m/s，流速分布详见图 6-16。水舌同样受来流的影响，两侧水面高于中部，高低相差最多 2.9m。水面具体见图 6-12、图 6-13。

校核条件下，引水渠水流平稳，中部流速比底、表流速大。0+000～0+034 闸室水深沿程降低了 5.5m，闸室段底流速大于表、中流速。0+000 处流速达 5～7.7m/s，0+034 流速达 10～14m/s。在 0+025.00 断面水面高程最高位 756.7m。陡槽段和挑流鼻坎

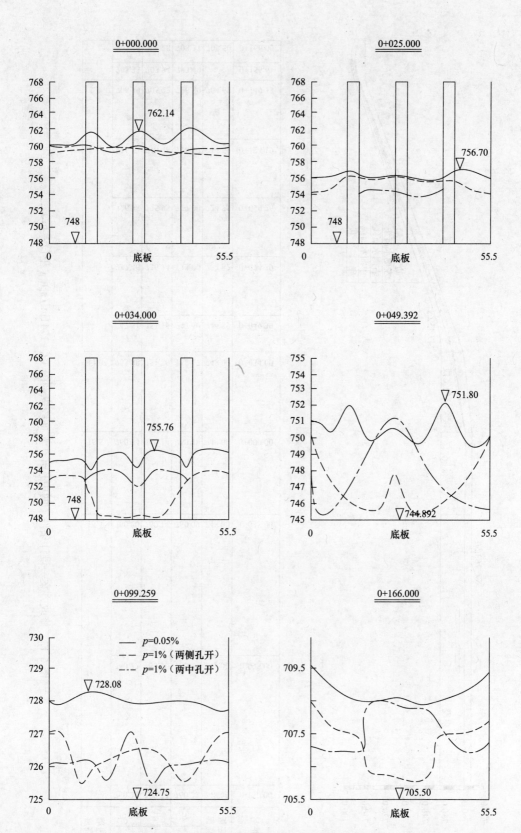

图 6-12 修改方案一溢洪道典型横断面水面线（单位：m）

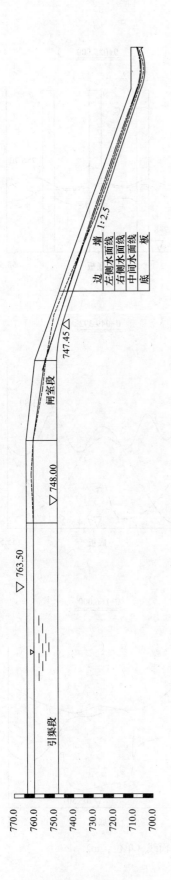

图6-13 修改方案一设计条件（两中孔开）水面线纵剖图（Q=1741m³/s）（单位：m）

桩号	底板高程	水面高程 左	水面高程 中	水面高程 右	边墙高度
0-150.00	748.00	760.22	760.37	760.27	
0-095.00	748.00	760.22	760.30	760.27	
0-035.00	748.00	760.20	760.14	760.09	15.5
0+000.00	748.00	760.34	760.14	760.18	15.5
0+034.00	748.00	753.88	751.80	752.17	11.0
0+049.39	744.89	747.51	747.60	751.15	
0+074.39	734.82	737.46	736.74	733.00	
0+099.26	724.75	726.88	727.00	725.95	
0+124.19	714.69	716.13	716.37	715.48	
0+149.13	704.62	706.39	706.80	705.22	5.0
0+156.61		705.33	703.49	703.84	
0+166.00	705.50	707.35	706.28	708.31	

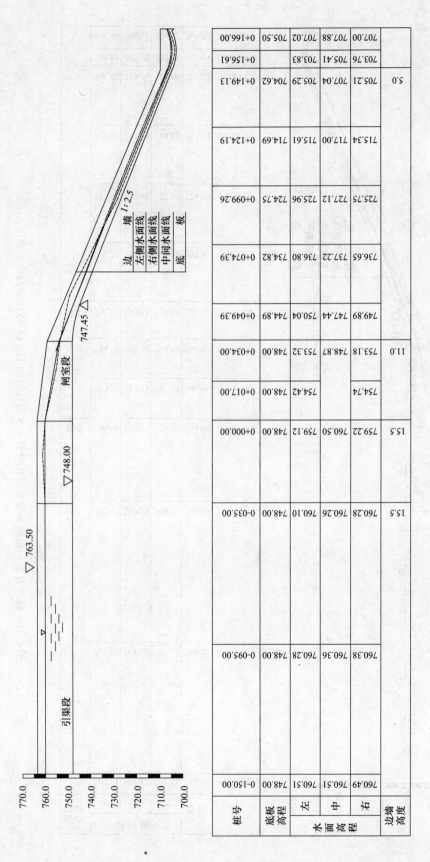

图 6-14　修改方案一设计条件（两侧孔开）水面线纵剖图（Q=1741m³/s）（单位：m）

高程刻度：770.0　760.0　750.0　740.0　730.0　720.0　710.0　700.0

图中标注：▽763.50　▽748.00　747.45△　1:2.5　引渠段　闸室段

图例：边墙　左侧水面线　右侧水面线　中间水面线　底板

桩号	底板高程	水面高程 左	水面高程 中	水面高程 右	边墙高度
0-150.00	748.00	760.51	760.51	760.49	
0-095.00	748.00	760.28	760.36	760.38	
0-035.00	748.00	760.10	760.26	760.28	15.5
0+000.00	748.00	759.12	760.50	759.22	15.5
0+017.00	748.00	754.42	754.74		
0+034.00	748.00	753.32	748.87	753.18	11.0
0+049.39	747.44	750.04	744.89	749.89	
0+074.39	736.80	737.22	734.82	736.65	
0+099.26	724.75	727.12	725.96	725.75	
0+124.19	714.69	715.61	717.00	715.34	
0+149.13	704.62	705.29	707.04	705.21	5.0
0+156.61	705.76	703.83	705.41	703.76	
0+166.00	705.50	707.02	707.88	707.00	

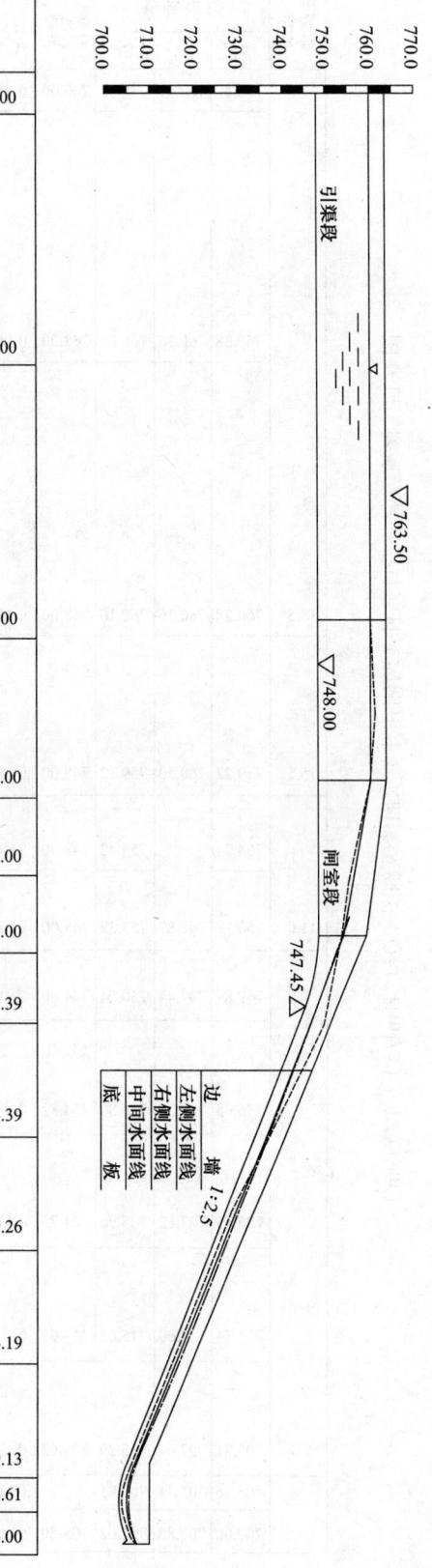

桩号	0-150.00	0-095.00	0-035.00	0+000.00	0+017.00	0+034.00	0+049.39	0+074.39	0+099.26	0+124.19	0+149.13	0+156.61	0+166.00
底板高程	748.00	748.00	748.00	748.00	748.00	748.00	744.89	734.82	724.75	714.69	704.62		705.50
水面高程 左	762.34	761.22	758.26	759.99	757.27	754.70	750.39	738.20	727.68	718.06	707.09	705.73	709.91
水面高程 中	762.18	761.62	760.58	762.14	757.74	752.94	750.52	738.12	727.68	717.91	707.16	705.70	708.33
水面高程 右	762.15	761.22	760.87	760.14	757.71	754.70	750.11	738.20	727.40	717.61	706.99	705.69	708.99
边墙高度			15.5	15.5		11.0					5.0		

图 6-15 修改方案一校核条件（四孔全开）水面线纵剖图（Q=4376m³/s）（单位：m）

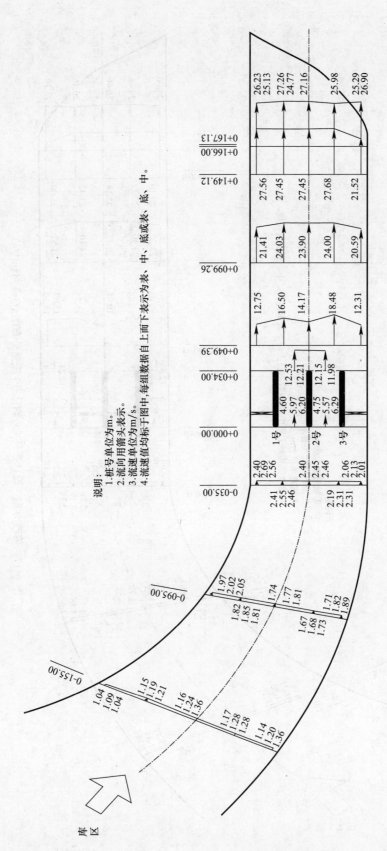

说明：
1. 桩号单位为m。
2. 流向用箭头表示。
3. 流速单位为m/s。
4. 流速值均标于图中，每组数据自上而下表示为表、中、底或表、中、底。

图 6-16 修改方案一设计条件（两中孔开）流速分布图（$Q=1741\text{m}^3/\text{s}$）

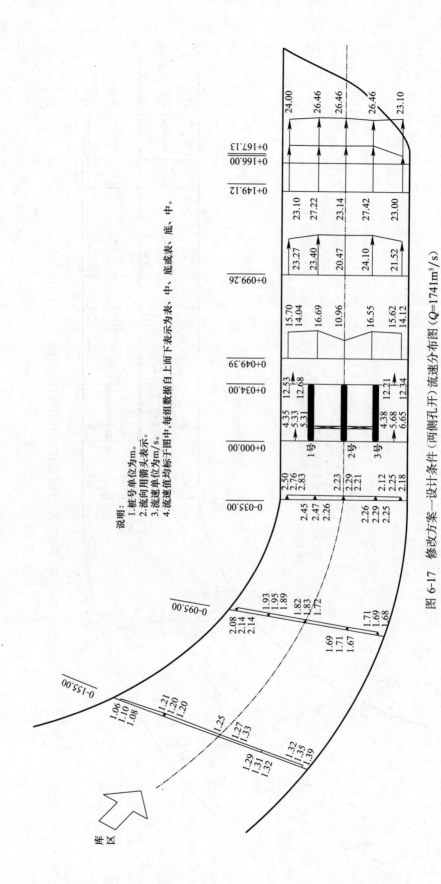

说明:
1. 桩号单位为m。
2. 流向用箭头表示。
3. 流速单位为m/s。
4. 流速值均标于图中,每组数据自上而下表示为表、中、底或表、底、中。

图6-17 修改方案一设计条件(两侧则孔开)流速分布图(Q=1741m³/s)

段水面在横断面分布对称、均匀，表流速大于底流速，挑坎流速最高达 31.7m/s，流速分布见图 6-18，水面分布见图 6-12、图 6-15。

五、修改方案二

1. 概况

修改方案一的体型设计同样不能满足设计的泄量要求。经与设计院有关专家研究，对溢洪道进行了修改，溢洪道进口底高程降低 0.8m，即堰顶高程 748m 降低为 747.2m。重新调洪演算后，计算校核库水位为 762.63m，校核流量为 4577m³/s，设计库水位为 760.80m，设计流量为 1783m³/s。具体体型布置见图 6-19。

2. 溢洪道的泄流能力

通过试验得到：百年一遇洪水，库水位为 760.8m，两中孔开时，相应试验泄流量为 1801m³/s，比计算值 1783m³/s 大 18m³/s，约大 1.1%；两侧孔开时，相应试验泄流量为 1764m³/s，比计算值 1783m³/s 小 19m³/s，约小 1.1%。千年一遇洪水时，四孔全开，库水位为 762.68m，相应试验泄流量为 4494m³/s，比计算 4577m³/s 小 83m³/s，约小 1.8%。溢洪道的泄流能力基本满足设计要求。

3. 流态、水面线及流速分布

泄放各级流量时，泄洪道流态及水舌形态似于修改方案一。

设计条件下，引渠段水深 13.0～13.5m，流速 1～3m/s；闸前 0+000 水深为 12.24m（两侧孔开）～12.66m（中两孔开），流速为 5.1～8.5m/s（两侧孔开）、5～7.9m/s（中两孔开），弧形门前水面高程最高位 760.54m（两侧孔开）～762.36m（中两孔开）；0+034 处水深 5.4～5.5m，流速 11.4m/s（两侧孔开）～12.9m/s（中两孔开）。在 0+034～0+049.392 段，水面起伏较大；中两孔开启时，此段中部水流形成驻点，水深高达 6.93m；两侧孔开启时，两边墙处水流在此折冲，水面较高，水深最大为 6.4m。陡槽内水深均小于 3.6m，两侧孔开时，两侧流速大于中部流速；中两孔开时中部流速大于两侧流速。在 0+166 挑坎处流速平均为 27.3m/s（中两孔开）～28m/s（两侧孔开）。具体水面情况见图 6-21、图 6-22、图 6-24；流速分布见图 6-25、图 6-26。两侧孔开时，水舌最宽 52.8m，挑距为 87.9m（挑距从坎顶 0+166.00 计，尾水高程为 700.692m），最高点高程为 717.43m；中两孔开时，水舌最宽 63.2m，最大挑距为 87.2m（挑距从坎顶 0+166.00 计，尾水高程为 700.692m），最高点高程为 716.00m。

校核条件下，引渠段水深在 14～15m 之间，流速在 2.3～2.9m/s 之间；0-043 处水流波动较修改方案一减小，0-035 处的脱流情况有所缓解，左右水面最多相差 2.4m；闸前（0+000）水深平均为 13.25m，平均流速为 6.41m/s，墩前水面达 762.38m。0+025 处水面高程最高为 756.56m。陡槽内水流呈菱形水流，菱形波波高较大，断面水深相差较大。在 0+074.329 断面处水深最大处为 4.7m。流速在 0+166 处达到 29.4m/s。尾水为 704.344m，水舌最宽 59.2m，最大 103.1m，最高点高程为 718.36m。具体水面情况见图 6-22、图 6-23，流速分布见图 6-26。

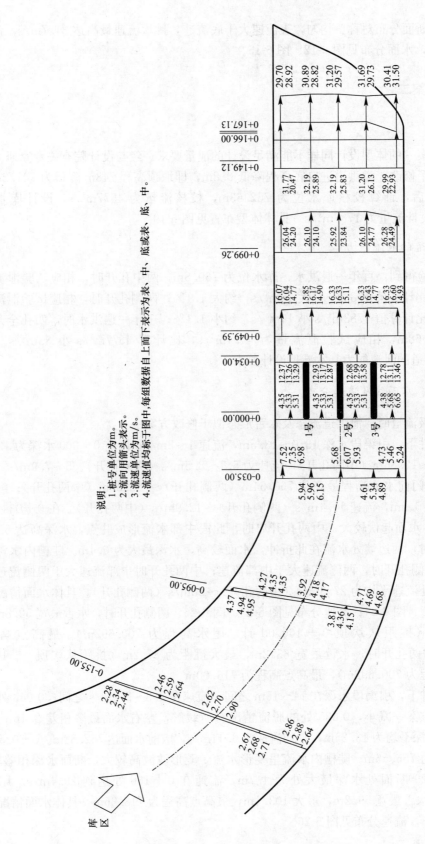

图 6-18 修改方案一校核条件（四孔全开）流速分布图（Q=4376m³/s）

说明：
1. 桩号单位为m。
2. 流向用箭头表示。
3. 流速单位为m/s。
4. 流速值均标示于图中，每组数据自上面下表示为表、中、底或表、底、中。

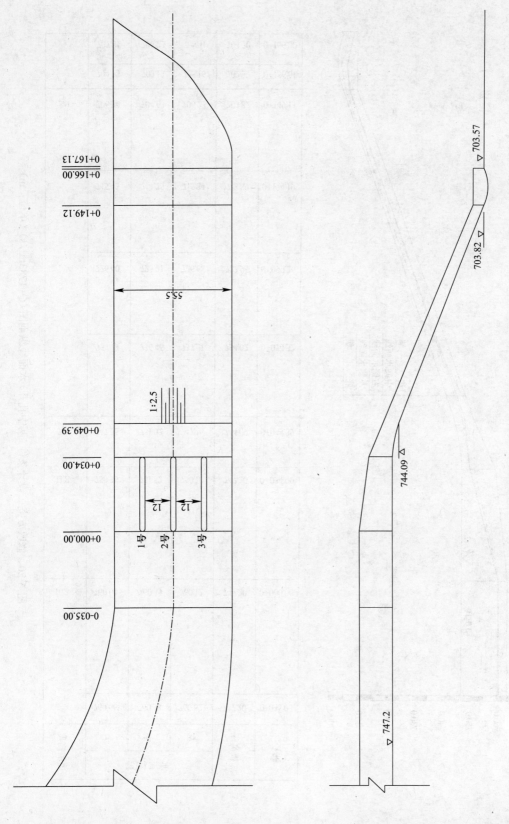

图 6-19 修改方案二溢洪道设计图（单位：m）

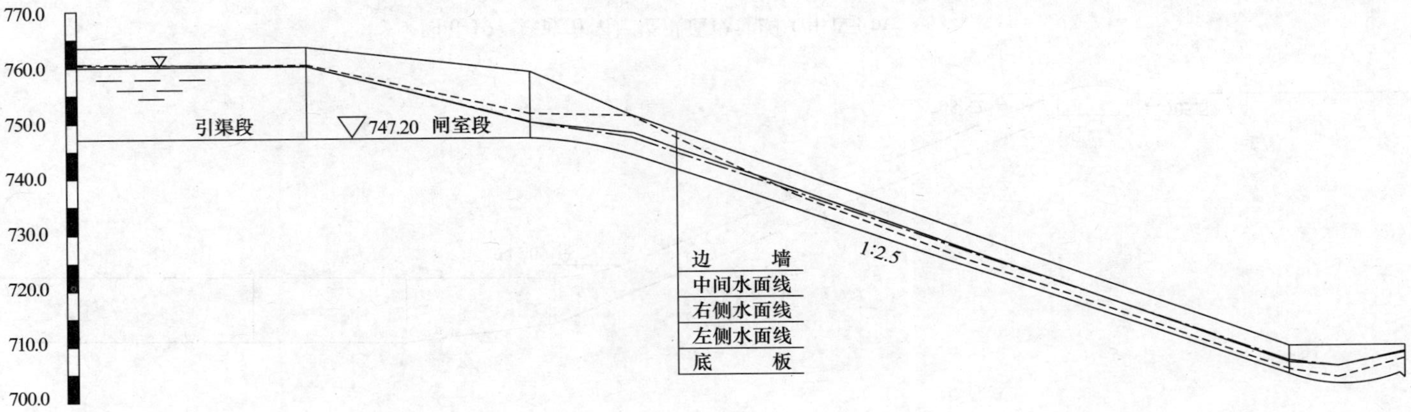

图 6-20 修改方案二设计条件（两中孔开）水面线纵剖图（Q=1783m³/s）（单位：m）

桩号	0−035.00	0+000.00	0+034.00	0+049.39	0+074.32	0+099.26	0+124.19	0+149.13	0+156.61	0+166.00
底板高程	747.20	747.20	747.20	744.09	734.02	723.95	713.89	703.82	702.37	704.70
水面高程 左	760.38	760.12	751.51	747.16	737.51	726.68	715.84	706.23	705.16	708.31
水面高程 中	760.62	760.35	751.52	747.16	737.51	726.68	715.84	706.23	705.16	708.31
水面高程 右	760.66	760.04	750.36	747.25	737.18	726.60	715.43	706.34	704.73	707.81
边墙高度	16.3		11.8	7.0				5.0		

104

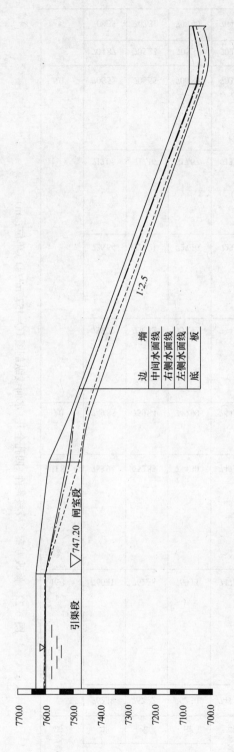

桩号	0-035.00	0+000.00	0+034.00	0+049.39	0+099.26	0+149.13	0+156.61	0+166.00
底板高程	747.20	747.20	747.20	744.09	723.95	703.82	702.37	704.70
水面高程 左	760.12	759.32	752.63	749.61	725.24	704.53	703.30	705.83
中	760.50	760.80	748.11	744.55	725.20	706.34	704.76	706.83
右	760.54	759.35	752.51	749.51	726.20	704.41	702.99	705.60
边墙高度		16.3	11.8	7.0		5.0		

图 6-21 修改方案二设计条件（两侧孔开）水面线纵剖图（Q=1783m³/s）（单位：m）

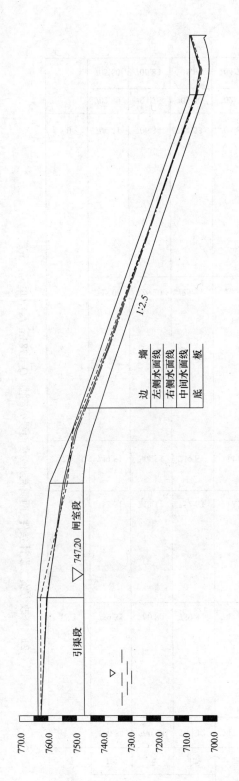

图 6-22 修改方案二校核条件（四孔全开）水面线纵剖图（Q=4577m³/s）（单位：m）

桩号	0-035.00	0+000.00	0+034.00	0+049.39	0+074.32	0+099.26	0+124.19	0+149.13	0+156.61	0+166.00
底板高程	747.20	747.20	747.20	744.09	734.02	723.95	713.89	703.82	702.37	704.70
水面高程 左	762.30	760.13	754.30	750.99	737.92	727.16	717.67	706.80	705.31	708.40
水面高程 中	762.22	762.38	752.83	750.84	738.52	727.21	717.16	706.55	705.23	707.31
水面高程 右	762.18	760.11	753.94	749.85	737.72	726.64	717.05	706.55	704.87	708.35
边墙高度		16.3	11.8	7.0				5.0		

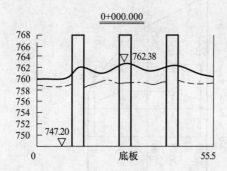

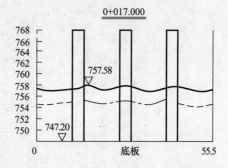

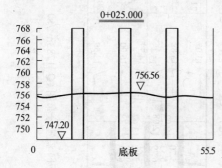

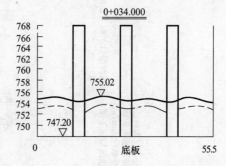

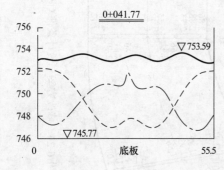

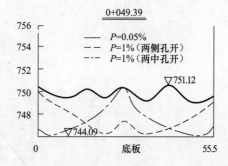

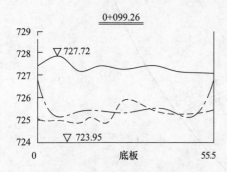

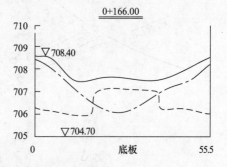

图 6-23　修改方案二溢洪道典型横断面水面线

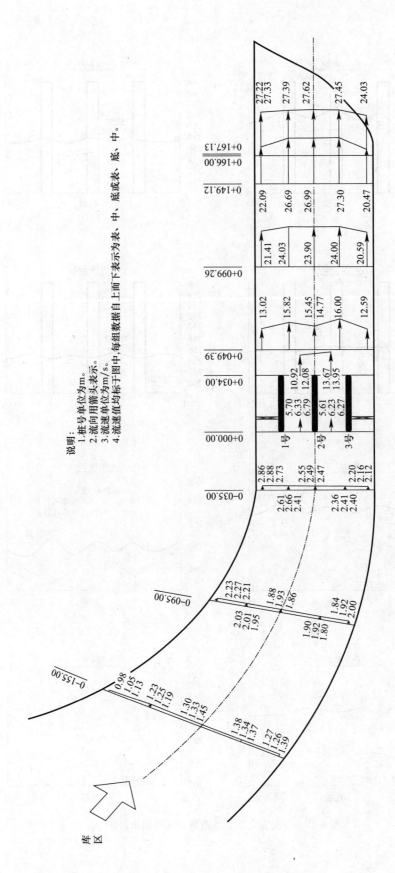

图 6-24　修改方案二设计条件（两中孔开）流速分布图（Q=1783m³/s）

说明：
1. 桩号单位为m。
2. 流向用箭头表示。
3. 流速单位为m/s。
4. 流速值均标于图中，每组数据自上而下表示为表、中、底或表、底、中。

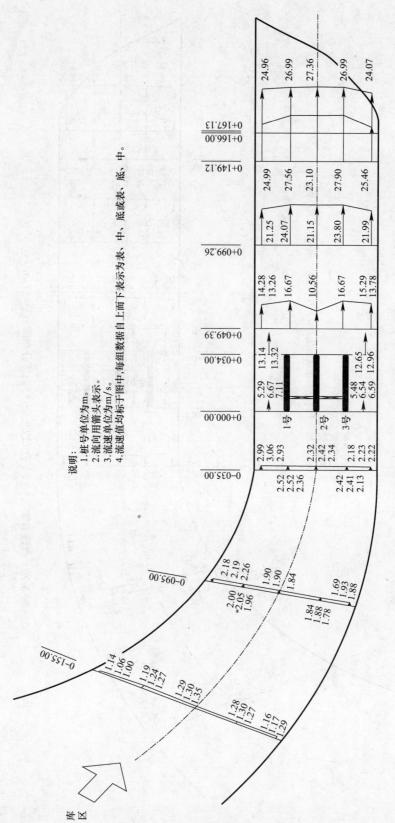

说明:
1. 桩号单位为m。
2. 流向用箭头表示。
3. 流速单位为m/s。
4. 流速值均标于图中,每组数据自上而下表示为表、中、底或表、中、底。

图 6-25 修改方案二设计条件(两侧孔开)流速分布图(Q=1783m³/s)

库区

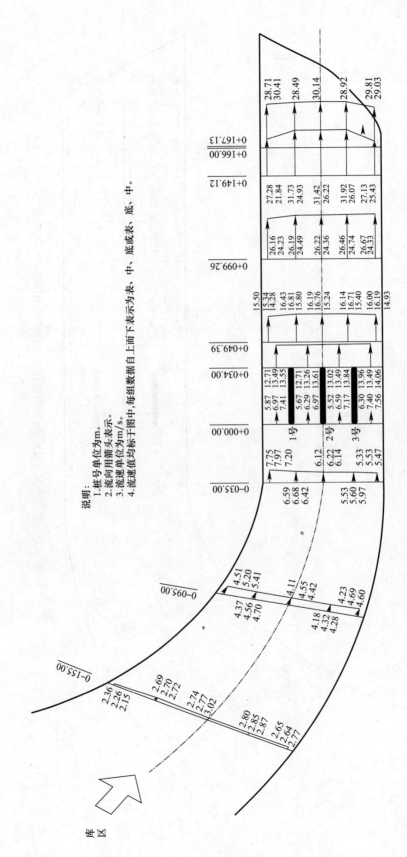

图 6-26 修改方案二校核条件（四孔全开）流速分布图（Q=4577m³/s）

说明：
1.桩号单位为m。
2.流向用箭头表示。
3.流速单位为m/s。
4.流速值均标于图中,每组数据自上而下表示为表、中、底或表、底、中。

库
区

110

另外，该挑流段体型和修改方案一相同，所以三种运行方式相应的起挑、收挑流量和修改方案一相同。

六、结论和建议

（1）经过原方案的模型试验，该溢洪道的泄流能力不能满足设计所计算泄流能力。同时，鉴于地质条件的原因，对原方案进行修改，又进行了试验研究，修改方案一所能达到的泄流能力仍不能满足设计的泄量要求。

（2）在修改方案一的基础上，把堰顶高程降低为747.2m，库区、引渠流态较好，有局部的水流波动区均不会造成危害。闸室弧形门轴处高程水位最高为756.56m，与门轴高程757.5m相差1m。在设计条件下，两侧孔开时，在闸后曲线段和陡槽的连接段（0＋049.392）附近，两侧的水面较高，应对边墙高度进行复核。陡槽末端流速和挑坎顶流速在校核条件下在局部位置达30m/s以上。水舌形态较好，水舌在校核、设计条件下均不碰撞左侧边墙。

（3）采用修改方案二作为推荐方案，溢洪道泄流能力基本满足设计的计算值，由于试验所得的泄流能力与计算所得的泄流能力相差不多，所以对施工质量要求较高。

（4）由于闸室的泄流能力与闸室及闸前的结构体型、施工质量、水流流态等有关。故模型试验所提供的库水位与泄量关系将会与实际情况有一定差别，建议结合施工在闸室及其前后布置必要的观测设备；在泄洪时组织必要的原型观测，以便进一步验证试验和设计计算成果。

（5）在设计条件下，开启中间两弧形闸门水流的水流衔接和流速分布较开启两侧闸门时情形要好，利于溢洪道的安全。

第二节　张峰水库库区泥沙淤积数学模型研究及应用

一、研究内容、方法和技术路线

1. 研究内容

（1）北方大部分为河道型水库，一般为高水位运用，入库泥沙较细，粒径小于0.02mm的细颗粒泥沙占悬移质的40％以上，极易形成异重流。为此利用数学模型计算①不同洪水及不同运用方式下异重流的运行、发展及泥沙淤积过程、到达坝前的时间。②异重流排沙量及排沙比。③异重流到达坝前后浑水面上升至水面的过程及时间。

（2）以张峰水库为背景，研究洪水在库中发展情况、库区的淤积形态、淤积过程及入库泥沙在库区的分布情况，泄洪排沙洞前的漏斗情况。

（3）水库运行20、30、50年后，水库的淤积形态。考虑水库排沙后水库总淤积量估值，其中坝前淤积量和回水末端淤积量各为多少。淤积物容重等对水库运行有无影响。

2. 研究方法和技术路线

根据研究内容需要，库区泥沙冲淤数值模拟计算主要采用一维非恒定非饱和输沙模型，坝前冲刷漏斗采用局部三维水沙模型计算。

（1）以张峰水库为研究背景，收集有关张峰水库实测资料，分析张峰水库来水来沙资料，选取典型的水沙代表年，为计算提供入流边界条件；分析比较张峰水库拦河大坝、导流泄洪洞、溢洪道、供水发电洞和渠首电站、渠首输水泵站等枢纽建筑物组成以及水库调度运行方式。

（2）利用数学模型计算不同洪水及不同运用方式下的异重流运行、发展及泥沙淤积过程，到达坝前的时间，异重流排沙量及排沙比。

（3）分析计算洪水在库中发展情况库区的淤积过程，淤积形态及入库泥沙在库区的分布情况。统计水库运行20、30、50年后，水库淤积形态及排沙比。分析淤积物容重等对水库运行有无影响。

（4）天然河道水流一般是三维紊流形态，特别是坝前排沙洞进口附近水流三维性更强。我们采用了经济有效的三维数学模型模拟其水流运动，进而再通过泥沙运动理论，求出坝前冲淤形态。对几何形态比较复杂的冲刷漏斗和河床地形，采用先进的贴体坐标技术，进行空间区域变换，将不规则复杂边界构成的几何区域转换成规则的计算区域，将相应的边界条件准确地引用到计算网格点上，这样可以较好地适应计算区域不规则的库区边界，大大提高计算精度。

（5）根据计算结果，为库区局部物理模型试验、优化设计调度方案及建筑物布置方案提供条件。

3. 项目需解决的关键技术

（1）张峰水库为河槽型水库，一般为高水位运用，入库泥沙较细，粒径小于0.02mm细颗粒泥沙占悬移质43%，极易形成异重流。为此项目需解决的关键技术之一是异重流的形成、运行、泥沙淤积过程。

（2）泥沙颗粒在水流中除了受自身重力作用发生沉降外，还有水流的紊动作用。水流的紊动具有随机性，因此采用随机流动理论统计方法考虑泥沙运动、淤积是关键技术之一。

（3）天然河道水流一般是三维紊流形态，特别是坝前排沙洞进口附近水流三维性更强。我们采用了经济有效的三维数学模型模拟其水流运动，进而再通过泥沙运动理论，求出坝前冲淤形态。对几何形态比较复杂的冲刷漏斗和河床地形，采用先进的贴体坐标技术，进行空间区域变换，将不规则复杂边界构成的几何区域转换成规则的计算区域，将相应的边界条件准确地引用到计算网格点上，这样可以较好地适应计算区域不规则的库区边界，大大提高计算精度。

二、研究背景与水沙资料分析

1. 研究背景

1）河道概况

张峰水库位于山西省晋城市沁水县郑庄镇张峰村沁河干流上。沁河是黄河三门峡至花园口区间三大支流之一，发源于山西沁源县，流经安泽、沁水、阳城、泽州四县入河南省济源市，在武陟县汇入黄河。沁河流域总面积 13532km²，其中山西省境内 12304km²，占总面积的 90.9%，坝址以上 4990km²。沁河干流全长 485km，其中山西省境内干流长 363km，坝址以上干流长 224km。干流总落差 1844m，河道纵坡 3.8‰，其中库区段河床纵坡为 2.6‰。

沁河流域山西省境内河道长度大于 25km 的支流有 30 条，本次模型计算考虑张峰水库坝址以上三个支流龙渠河、苏庄河和马必河，支流长度分别为 52.6km、25km、37km，纵坡分别为 8.5‰、13.4‰、9.6‰。

2）工程概况

张峰水库坝址位于沁水县郑庄乡张峰村西北沁河干流上，距晋城市城区 90km，在飞岭站和润城站之间。工程的建设任务是以城市生活和工业供水、农村饮水为主，兼顾防洪、发电等综合利用。水库多年平均供水量 2.30 亿 m³，其中向城市生活及工业供水 1.95 亿 m³，农村饮水、蔬菜和桑园灌溉供水 0.35 亿 m³。

张峰水库枢纽工程由拦河大坝、导流泄洪洞、溢洪道、供水发电洞和渠首电站、渠首输水泵站等建筑物组成。坝顶高程 763.8m，最大坝高 72.2m，设计洪水标准为 100 年一遇，校核洪水标准为 2000 年一遇。坝址处设计洪峰流量为 3920m³/s，校核洪峰流量为 7476m³/s（P=0.05%）。导流泄洪洞底坎高程为 703m，尺寸为 8m×9m，设计最大泄洪流量为 1135m³/s。总库容为 3.92 亿 m³，水库正常蓄水位为 759.5m，防洪限制水位为 756.50m，防洪高水位为 759.72m，设计洪水位为 760.47m，校核洪水位为 762.47m，死水位为 728.20m。

3）水沙特性

张峰水库坝址设计洪水采用飞岭站、润城站资料，洪峰流量按流域面积比指数推求。沁河流域植被条件相对较好，水土流失较小，泥沙集中于汛期 6～9 月，汛期输沙量占全年的 90% 以上，年际变化较大。张峰水库坝址多年平均输沙量为 304.6 万 t，其中悬移质输沙量为 264.9 万 t，推移质输沙量是悬移质输沙量的 15%，为 39.73 万 t，悬移质多年平均含沙量为 5.54kg/m³。水库泥沙悬移质干密度按 1.25t/m³ 考虑，推移质干密度按 1.5t/m³ 考虑。

2. 水沙过程分析

图 6-27a 为张峰坝址历年平均径流量、悬移质输沙量变化图，为了更明显地看出其变化趋势，图 6-27b 给出了 5 年平均的径流量、悬移质输沙量变化图，可以看出张峰坝址径流量、悬移质输沙量随时间变化有明显的减少趋势。1973 年以前的年均径流量、悬移质输沙量明显大于 1973 年以后的年均径流量、悬移质输沙量，1973 年以前年平均径流量为 6.55 亿 m³，是 1973 年以后的 1.9 倍；1973 年前年平均悬移质输沙量为 435.5 万 t，是 1973 年以后的 2.7 倍。这一方面是由于近年来水土保持较好，水土流失较少，另一方面是由于近年来北方连续干旱，水量不足。

按照设计单位要求，在张峰坝址的长系列水沙过程中选取典型年依次为 1964、1965、1967、1971、1974、1975、1978、1979、1987、1989 年等 10 年，张峰坝址的水沙资料统计见表 6-1 和图 6-28a。可以看出，悬移质输沙量年际变化较大，10 个典型年中 1971 年悬

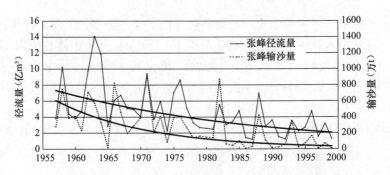

图 6-27a　张峰坝址历年平均径流量、悬移质输沙量变化图

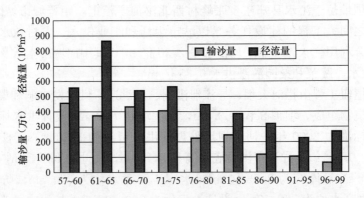

图 6-27b　张峰坝址径流量、悬移质输沙量 5 年平均值变化图

移质输沙量最大，约为 939.5 万 t，1965 年悬移质输沙量最小，约为 21.6 万 t，两者相差近 45 倍。张峰坝址 10 个典型年平均悬移质年输沙量为 266.8 万 t，与长系列多年平均值 264.9 万 t 非常接近。

张峰坝址、支流 10 个典型年水沙资料统计表　　　　　　　　表 6-1

年份	张峰坝址		支流总和	
	径流量（亿 m³）	悬移质输沙量（万 t）	径流量（亿 m³）	悬移质输沙量（万 t）
1964	11.81	328.4	1.97	58.2
1965	2.85	21.6	0.35	3.8
1967	6.72	456.6	1.15	80.9
1971	9.17	939.5	0.97	166.4
1974	2.26	86.5	0.53	15.3
1975	7.04	393.3	1.02	69.7
1978	3.28	140.4	0.38	24.9
1979	2.66	163.1	0.54	28.9
1987	1.19	33.2	0.22	5.9
1989	2.82	105.0	0.23	18.6
10 年平均	4.98	266.8	0.74	47.2
多年平均	4.79	264.9	0.71	46.9

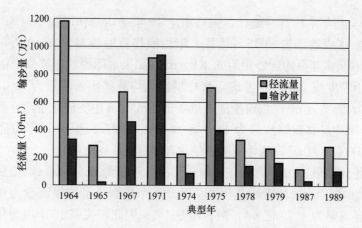

图 6-28a　干流典型年径流量、悬移质输沙量统计图

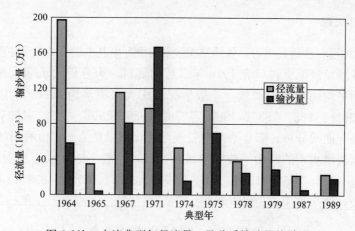

图 6-28b　支流典型年径流量、悬移质输沙量统计图

　　龙渠河、苏庄河与马必河三条支流的水沙过程典型年依次为 1964、1965、1967、1971、1974、1975、1978、1979、1987、1989 年等 10 年，由于三条支流均没有实测的水文资料，典型年的水沙过程分别由油房水文站的实测资料推算得出。

　　支流的水沙资料统计见表 6-1 和图 6-28b。可以看出，悬移质输沙量年际变化也较大，10 个典型年中 1971 年悬移质年输沙量最大，为 166.4 万 t，1965 年悬移质年输沙量最小，为 3.8 万 t，三条支流 10 个典型年平均年输沙量总和为 47.2 万 t。

　　根据 10 个典型年实测资料统计分析，三个支流总的径流量、悬移质输沙量分别占张峰坝址的 14.8％和 17.7％，相应的干流入库径流量和悬移质输沙量分别占张峰坝址的85.2％和 82.3％。三条支流径流量、悬移质输沙量及相对大小比例见表 6-2，龙渠河支流径流量、悬移质输沙量较大，苏庄河支流相对较小。

干、支流径流量、悬移质输沙量比例统计表　　　　　　　　　　　　　表 6-2

	年均径流量（亿 m³）	比例（％）	年均输沙量（万 t）	比例（％）
龙渠河	0.45	9.1	29.1	10.9
苏庄河	0.12	2.4	7.5	2.8
马必河	0.17	3.3	10.7	4.0
干流入库	0.42	85.2	219.5	82.3
张峰坝址	4.98	100.0	266.8	100.0

根据 10 个典型年水沙资料统计，张峰坝址 10 年平均悬移质输沙量为 266.8 万 t，推移质输沙量按悬移质输沙量的 15％计算，年均推移质输沙量为 40.0 万 t，总输沙量为 306.8 万 t，悬移质多年平均含沙量为 5.36kg/m³。如果水库泥沙悬移质干密度按 1.25t/m³ 考虑，推移质干密度按 1.5t/m³ 考虑，张峰坝址年均悬移质输沙量为 213.4 万 m³，年均推移质输沙量为 26.7 万 m³，总输沙量为 260.6 万 m³，其中支流龙渠河、苏庄河与马必河的 10 个典型年平均悬移质输沙量为 47.2 万 t，相当于 37.8 万 m³；年均推移质输沙量为 7.1 万 t，相当于 4.7 万 m³，悬移质多年平均含沙量为 6.4kg/m³。

根据以上统计结果，10 个典型年平均悬移质输沙量为 266.8 万 t，长系列多年平均悬移质输沙量为 264.9 万 t，两者相差仅 0.7％；10 个典型年平均径流量为 4.98 亿 m³，长系列多年平均径流量为 4.79 亿 m³，两者相差 4％；因此，按照 10 个典型年悬移质输沙量计算的淤积总量能够反映按长系列多年平均悬移质输沙量计算的淤积量。

3. 泥沙颗粒级配

根据张峰水库可行性研究报告，张峰站泥沙颗粒级配由其上游飞岭站和下游润城站推算。

飞岭站泥沙颗粒级配资料只有 1976 年以后的资料，为分析洪水期水库排沙情况，选用洪水期的断面平均颗粒级配曲线。一般情况考虑大水流量为 200m³/s 以上，依次选出 1977、1979、1981～1983、1985、1987、1988、1989、1992、1993、1995、1996 年进行断面平均颗粒级配曲线分析，多年平均颗粒级配计算结果见表 6-3 和图 6-28。

润城站，所选洪水期的断面平均颗粒级配曲线，一般考虑大水流量为 800m³/s 以上，以此选出 1958、1962、1963、1966、1967、1968、1971、1978、1982、1988 年，点绘平均颗粒级配曲线，结果见表 6-3 和图 6-29。

润城、飞岭、张峰平均颗粒级配表 　　　　表 6-3

站名	小于某粒径的沙重百分数										中值粒径	平均粒径
	粒径级（mm）										(mm)	(mm)
	0.007	0.01	0.025	0.05	0.075	0.1	0.25	0.5	1	0.02		
飞岭	13.38	14.05	37.10	84.84	94.32	97.08	99.42	99.99	100	27	0.0298	0.0362
润城	26.52	35.21	55.49	75.79	88.50	93.16	99.56	99.93	100	48	0.0229	0.0359
张峰	23.39	30.17	51.11	77.94	89.89	94.09	99.53	99.94	100	43	0.0245	0.0360

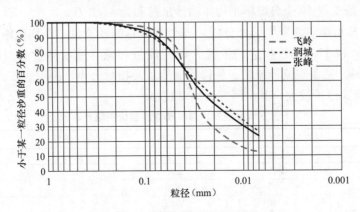

图 6-29　悬移质颗粒级配曲线

由表 6-3 可见，本流域泥沙组成较细，飞岭站中值粒径为 0.0298mm，平均粒径为 0.036mm，小于 0.02mm 的悬移质占 27%；润城站中值粒径为 0.0229mm，平均粒径 0.036mm，小于 0.02mm 的悬移质占 48%。张峰坝址位于两站之间，小于 0.02mm 的悬移质按下式计算：

$$Q'_{sz} = \frac{Q_{sfz}}{Q_{sfr}} \times Q'_{sfr} + Q'_{sf}$$

式中　Q'_{sz}——张峰水库小于 0.02mm 的细沙；

　　　Q'_{sfr}——飞岭—润城区间小于 0.02mm 细沙；

　　　Q'_{sf}——飞岭以上小于 0.02mm 细沙；

　　　Q_{sfz}——飞岭—张峰区间悬移质输沙量；

　　　Q_{sfr}——飞岭—润城区间悬移质输沙量。

由此可以求出张峰坝址小于 0.02mm 细沙占张峰坝址悬移质输沙量的 43%。

按照同样的计算方法和比例，可以求出张峰坝址悬移质泥沙各粒径组的沙重百分数见表 6-3 和图 6-28。张峰坝址中值粒径为 0.0245mm，平均粒径为 0.036mm。

河床级配采用 2003 年 8 月张峰水库坝基实测泥沙颗粒级配成果，其取样深度为 0.3～1.4m，土粒成分见表 6-4 和图 6-30，中值粒径约为 18mm。

床沙颗粒级配表　　　　表 6-4

土样编号		取土深度（m）	土粒成分						土壤分类
试验室	野外		漂粒	卵粒	砾粒	砂粒	粉粒	黏粒	
右坝基 2	SIO3b-17-1	0.3～1.4		13.29	69.71		17.00		级配良好砾

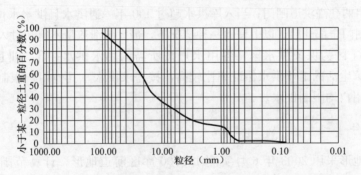

图 6-30　床沙颗粒级配曲线

4. 水库调度运用

根据张峰水库工程可行性研究报告，水库调度方式包括供水调度方式和防洪调度方式，在发挥水库最大效益的前提下绘制水库运行调度图（图 6-31）。

根据供水要求，水库供水顺序为：先满足城镇生活和工业供水（包括向下游供水），其次满足农村饮水，满足经济作物灌溉。

根据水库供水要求，设计各供水户的水库运行调度线，即供水限制线。当库水位低于工业限制供水线时，城市生活和工业供水、人畜饮水按需水量的 50% 供水，蔬菜和桑园不

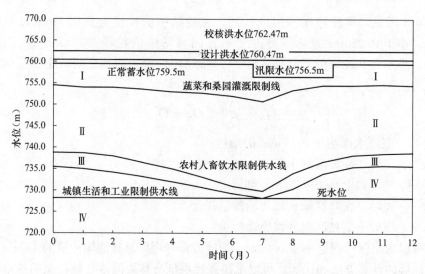

图 6-31 张峰水库供水调度图

再供水；当库水位低于人畜饮水限制供水线时，人畜饮水按需水量的 50% 供水，城市生活和工业按要求供水，蔬菜和桑园不再供水；当库水位低于蔬菜和桑园的限制供水线时，蔬菜和桑园不再供水。

张峰水库坝址处下泄流量不小于 $1.0 \text{m}^3/\text{s}$，张峰—润城区间流量不小于 $4.67 \text{m}^3/\text{s}$。

根据防洪要求，张峰水库的防洪调度按三级运行，入库洪水不超过 20 年一遇洪水且水库水位已达到防洪限制水位时，为保护下游村镇和滩地，水库下泄流量不超过 $800 \text{m}^3/\text{s}$，由导流泄洪洞下泄；当入库洪水超过 20 年一遇洪水且洪水位超过防洪高水位时，泄洪洞全部开启，并开启两孔溢洪道闸门；当入库洪水超过 100 年一遇洪水且洪水水位超过设计洪水位时，溢洪道闸门全部开启。以上任何一种情况下，最大下泄流量不得超过入库洪峰流量。

图 6-31 中 I 区为保证供水区，各用水户按所需的用水供水；II、III 区为低供水区，在该区由于城镇生活的工业供水保证率比较高，按需求供水，其他用户限制供水；IV 限制供水区，所有用户均限制供水。

5. 计算条件

计算初始地形采用 2003 年 6 月实测 1/2000 库区河道地形，计算范围为坝址到上游 33km 处，支流考虑龙渠河、苏庄河和马必河三条较大支流，支流计算范围分别为 6.3km、2.9km 和 2.6km。干流计算断面为 315 个，龙渠河、苏庄河和马必河支流计算断面分别为 46、30、26 个，断面间距为 100m 左右。库区河道地形平面图见图 6-32，库区河道地形纵断面图见图 6-33，典型断面形状图见图 6-34。

计算采用的流量过程和悬移质含沙量过程为 10 个典型年的水沙过程，推移质输沙量按悬移质的 15% 考虑。典型年依次为 1964、1965、1967、1971、1974、1975、1978、1979、1987、1989 年，计算总时段为 50 年，采用 10 个典型年循环。

按照山西省张峰水库工程可行性研究报告，坝址下泄水沙条件由水库供水、防洪调度运行方式确定。水库泥沙悬移质干密度按 $1.25 \text{t}/\text{m}^3$ 考虑，推移质干密度按 $1.5 \text{t}/\text{m}^3$ 考虑，水库蒸发、渗漏及塌岸量均按山西省张峰水库工程可行性研究报告要求考虑。

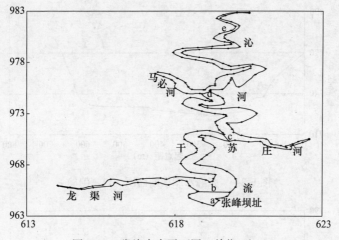

图 6-32　张峰水库平面图（单位：km）

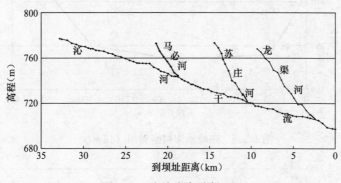

图 6-33　张峰水库纵断面图

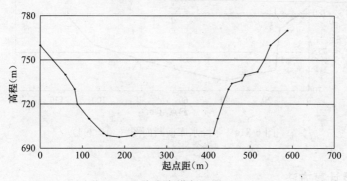

图 6-34a　张峰水库横断面图（0＋000）

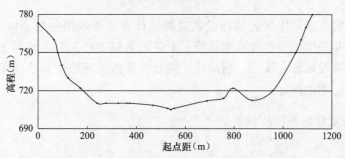

图 6-34b　张峰水库横断面图（3＋011）

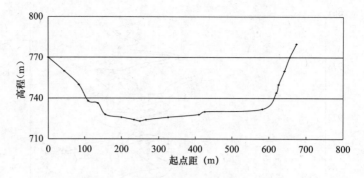

图 6-34c　张峰水库横断面图（11+048）

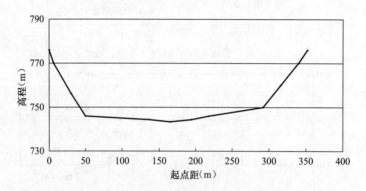

图 6-34d　张峰水库横断面图（18+800）

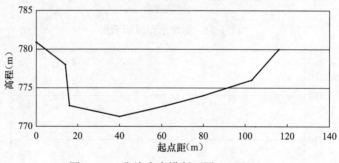

图 6-34e　张峰水库横断面图（30+294）

三、数学模型及计算方法

根据计算内容要求，库区泥沙冲淤数值模拟计算主要采用一维非恒定非饱和输沙模型，坝前冲刷漏斗采用三维水沙模型计算。上述数学模型已先后在沁河下游、渭河下游、蒲石河等北方河流及长江、汉江、澜沧江—湄公河等南方河流中多次使用，结果均表明，模型计算稳定、适用性良好。

1. 一维非恒定非饱和输沙模型

1）控制方程

一维非恒定水沙运动的控制方程组为：

① 水流连续性方程

$$\frac{\partial A}{\partial t} + \frac{\partial Q}{\partial x} = 0 \tag{6-1}$$

② 动量守恒方程

$$\frac{\partial Q}{\partial t} + 2\frac{Q}{A}\frac{\partial Q}{\partial x} + \left(gA - B\frac{Q^2}{A^2}\right)\frac{\partial z}{\partial x} = N \tag{6-2}$$

其中，$N = \frac{Q^2}{A^2}\frac{\partial A}{\partial x}\Big|_z - \frac{gn^2|Q|Q}{AR^{4/3}}$

③ 泥沙连续方程

$$\frac{\partial(QS_i)}{\partial x} + \frac{\partial(AS_i)}{\partial t} = -a\omega_i B(S_i - S_{*i}), i = 1, \cdots\cdots i_m \tag{6-3}$$

④ 悬移质河床变形方程

$$\rho_s \frac{\partial z_{0si}}{\partial t} = \alpha_s \omega_i(s_i - s_{*i}), i = 1, \cdots\cdots i_m \tag{6-4}$$

⑤ 推移质河床变形方程

$$\frac{\partial z_{0g}}{\partial t} = -\frac{1}{\rho' B}\frac{\partial G}{\partial x} \tag{6-5}$$

⑥ 悬移质挟沙力公式

$$s_* = K_0\left(\frac{\bar{u}^3}{gh\omega}\right)^m, K_0 = 0.015 \sim 0.025, m = 1 \tag{6-6}$$

其中，$\omega = \left(\sum_{i=1}^{im} p_i \omega_i\right)^{\frac{1}{m}}$

分组挟沙力公式：

$$S_{*i} = S_* p_{*i} = S_*\left(\frac{p_i}{\omega_i}\right)^{1/6} \Big/ \sum_{i=1}^{im}\left(\frac{p_i}{\omega_i}\right)^{1/6} \tag{6-7}$$

悬沙级配公式

$$p_i = s_i/s = s_i \Big/ \sum_i^{im} s_i \tag{6-8}$$

⑦ 推移质输沙公式

推移质输沙率公式采用沙莫夫公式：

$$G_b = \alpha(u - 3.82d^{\frac{1}{3}}h^{\frac{1}{6}})u^3\frac{B}{d^{\frac{1}{4}}h^{\frac{3}{4}}} \tag{6-9}$$

以上各式中：A 为过水断面面积；Q 为流量；u 为断面平均流速；B 为水面宽；h 为水深；d 为泥沙粒径；n 为糙率；R 为水力半径；z 为水位；z_0 为河床高程；g 为重力加速度；ρ_s 为悬移质淤积物的干密度；α_s 为悬移质泥沙恢复饱和系数；p_i，p_{*i} 为悬移质和挟沙力级配；G_b 为推移质输沙率；S 为含沙量；S_* 为水流挟沙力；ω 为泥沙颗粒沉速；α 为推移质输沙率系数；K_0 为断面挟沙力系数。

2）数值计算方法

对圣维南方程组采用特征线方法进行求解，其相应的特征线方程和特征方程可表示为：

$$\frac{ds}{dt} = w_+ = v + \sqrt{g\frac{A}{B}} \tag{6-10a}$$

121

$$(Bw_-)\left[\frac{\partial z}{\partial t}+(w_+)\frac{\partial z}{\partial x}\right]-\left[\frac{\partial Q}{\partial t}+(w_+)\frac{\partial Q}{\partial x}\right]=(w_-)q-N \qquad (6\text{-}10\mathrm{b})$$

$$\frac{\mathrm{d}s}{\mathrm{d}t}=w_-=v-\sqrt{g\frac{A}{B}} \qquad (6\text{-}10\mathrm{c})$$

$$(Bw_+)\left[\frac{\partial z}{\partial t}+(w_-)\frac{\partial z}{\partial x}\right]-\left[\frac{\partial Q}{\partial t}+(w_-)\frac{\partial Q}{\partial x}\right]=(w_+)q-N \qquad (6\text{-}10\mathrm{d})$$

式中 ω_+——向下游传播的元波速度；

ω_-——向上游传播的元波速度。

对河床变形、泥沙连续等方程采用二阶精度的特征差分格式进行离散，根据初始条件和边界条件就可以封闭其方程求解上述非恒定非饱和输沙方程组。

泥沙连续方程离散形式：

$$\frac{(AS_i)_m^{n+1}-(AS_i)_m^n}{\Delta t}+\frac{(QS_i)_m^n+(QS_i)_m^{n+1}-(QS_i)_{m-1}^n-(QS_i)_{m-1}^{n+1}}{2\Delta x}$$
$$=-\alpha_s\omega_{im}^{n+1}B_m(S_{im}^{n+1}-S_{*im}^{n+1}) \qquad (6\text{-}11)$$

悬移质河床变形方程离散形式

$$\frac{\Delta z_{0im}}{\Delta t}=\frac{\alpha_{sm}\omega_{im}}{\rho_{si}}(S_{im}-S_{*im}) \qquad (6\text{-}12)$$

推移质河床变形方程离散形式

$$\frac{\Delta z_{0gm}}{\Delta t}=-\frac{1}{\rho'B}\frac{G_{m+1}^n+G_{m+1}^{n+1}+G_{m-1}^n+G_{m-1}^{n+1}}{4\Delta x} \qquad (6\text{-}13)$$

2. 随机游动理论与方法

1）泥沙单颗粒在水流中的沉降

泥沙颗粒在水流紊动作用下，除了确定性动力因素外，尚受到随机性因素影响，具有统计的规律性。

泥沙在流水中，除了受自身重力作用发生沉降外，还有水流的拖曳作用，在水体中的运动轨迹近似为抛物线。而水流的紊动使泥沙产生伴随的脉动流速，脉动流速的规律虽然是随机的，但研究结果表明泥沙颗粒脉动量的分布近似为 Gauss 分布

$$f(y')=\frac{1}{\sqrt{2\pi}\sigma}e^{\frac{-y'^2}{2\sigma^2}} \qquad (6\text{-}14)$$

式中 σ——y'的均方值。由于脉动的存在使得轨迹不是确定的$\left(\frac{\omega}{u}L=h\right)$，由于偏差 y' 的分布满足 Gauss 分布，则其小偏差多些，大偏差少些。

水库内，泥沙沿程沉降量 p_L 与起始断面泥沙量 p_0 之比的概率可用下式表示

$$P_L/P_0=\int_{-\infty}^x f(x)\mathrm{d}x=\int_{-\infty}^x\frac{1}{\sqrt{2\pi}\sigma}e^{\frac{-x^2}{2\sigma^2}}\mathrm{d}x \qquad (6\text{-}15)$$

引入新变量 $\xi=x/\sqrt{2}\sigma$ 代入上式得 Gauss 分布概率积分式 $\dfrac{P_L}{P_0}=\dfrac{1}{\sqrt{\pi}}\displaystyle\int_{0-\infty}^{p'}e^{-\xi}d\xi$ 只要知道

$p'=\xi=\dfrac{x}{\sqrt{2}\sigma}=\left(\dfrac{\omega}{u}S-y\right)/\sigma\sqrt{2}$ 定出 p' 之后，即可求出 P_L/P_0。

假设泥沙起始运动高度为 h，设沉降至床面时距起始点的距离 L 为随机变量 $\xi(L)$，

则有 $\xi(L)/h = \dfrac{u(z)+\xi(u')}{\omega+\xi(v')}$，根据这一假设，可得泥沙沉降区（$-\infty$，$L$）内的分布函数及分布密度。

分布函数假设为 Gauss 分布

$$F(L) = p\{\xi(L) < L\} = P\left\{\frac{hu(z)+\xi(u')}{\omega+\xi(v')} < L\right\}$$

$$= p\left\{\frac{h}{L}[u(z)+\xi(u')-\omega] < \xi(v')\right\}, \text{先令 } u' = 0$$

$$= \int_{-\infty}^{\frac{h}{L}u(z)-\omega} \frac{1}{\sqrt{2\pi}\sigma_y} \exp\left[-\frac{1}{2}\left(\frac{v'}{\sigma_y}\right)^2\right]\mathrm{d}v$$

其分布密度 $f'\xi(L) = F'(L) = \dfrac{h}{L^2}\dfrac{u(z)}{\sqrt{2\pi}\sigma_y}\exp\left\{-\dfrac{1}{2}\left[\omega\left(-\dfrac{hu(z)}{\sigma_y}\right)\right]\right\}$ (6-16)

具体计算步骤如下：

① 用紊流模型计算流场中平均流速 $\bar{u}_i$，这里紊流模型包括任何一种时均模型，如 Boussinesq 假定、$k-\varepsilon$ 应力模型等。

② 建立随机模型

$$x_{in+1} = x_{in} + (\bar{u}_i + u_i')\Delta t \tag{6-17}$$

式中 x_i 为一个质点经过 n 步后，历时 t_n 之位置 x_i，$n+1$ 时刻位置，按上式确定。

$y_{n+1} = y_n + (\omega + v')\ \Delta t > h$ 时，则表示泥沙沉降到了床面。

u_i' 或 v' 可以按随机理论确定，或参照试验确定。

$$u_i' = \frac{\alpha_i\ \sqrt{u_i^2}}{\alpha_i\alpha_i} \tag{6-18}$$

α_i 为随机数，在 -9 至 $+9$ 中均匀分布，$\sqrt{u_i'^2}$ 为该方向紊动强度。

2）泥沙颗粒在水流中的群体沉降

泥沙在水流中的运动一般不存在个体行为，而单个颗粒的沉降与群体沉降存在一定的差异。在采用统计方法考虑泥沙淤积时，必须考虑泥沙颗粒之间的这种相互作用及其对周围流场的干扰，将其作为一个整体来考虑，才能真正符合泥沙的实际物理运动规律。

从泥沙颗粒在浓度浑水中受力情况进行分析：泥沙沉降细颗粒阻力符合 Stokes 公式的单个颗粒沉降规律，为此，只要是散粒体，多个颗粒阻力解是可以叠加的。

考虑到群体沉降的极限浓度 C_m 及非均匀泥沙、随机分布及其改正影响，我们给出泥沙颗粒沉降公式为

$$\omega_s = \omega_0(1 - C/C_m)\frac{\sqrt{d_{25}d_{75}}}{d_{50}}/(1 + 2.5C + 7.6C^2) \tag{6-19}$$

极限浓度 C_m 与黄河资料一致，并与黄委会张红武公式相近。

总之，采用 Monte-Carlo 方法有标准程序产生 Gauss 分布的随机数，在已知 μ、σ 的情况下，可求得进口总泥沙量 P_0 在一定距离，一定水深的情况下，淤积的百分数 P_s/P_0（概率）。

根据张峰水库实测资料，选 $d_{50} = 0.03\text{mm}$，$\omega = 0.04\text{cm/s}$，$u = 0.355\text{m/s}$，$\mu = 1.0$，$G = 1.5$，设 $h = 1\text{m}$，则 $L_1 = h\dfrac{u}{\omega} = 1 \times \dfrac{0.355}{0.4 \times 10^{-2}} = 800\text{m}$

$$k = 1, L_1 = 800\text{m}, P_s/P_0 = 55\%$$
$$k = 2, L_1 = 1600\text{m}, P_s/P_0 = 75\%$$
$$k = 3, L_1 = 2400\text{m}, P_s/P_0 = 89\%$$
$$k = 4, L_1 = 3200\text{m}, P_s/P_0 = 97\%$$
$$k = 5, L_1 = 4000\text{m}, P_s/P_0 = 100\%$$

按 $d_{50} = 0.03\text{mm}$，$h = 1\text{m}$ 计，张峰水库泥沙在 3.2km 内 $P_s/P_0 = 97\%$，而在 4km 范围内，d_{50} 全部沉降下来。

对于细颗粒部分，当 $d_{25} = 0.007\text{mm}$，其沉速 $\omega = 0.003\text{cm/s}$ 时，

$$L_1 = h \frac{u}{\omega} = 1 \times \frac{0.355}{0.003 \times 10^{-2}} = 11.8\text{km}$$
$$k = 1, L_1 = 11.8\text{km}, P_s/P_0 = 50\%$$
$$k = 2, L_1 = 23.6\text{km}, P_s/P_0 = 78\%$$
$$k = 3, L_1 = 35.5\text{km}, P_s/P_0 = 90\%$$

也就是说，细粒泥沙部分仍可带至坝前，库长 L 为 27~30km，即有 10%~25% 重的泥沙在坝前。

如果张峰年输沙量为 294.7 万 t，汛期占 90% 为 265 万 t，其中较粗的一半落于库前 10km 内（130 万 t），在库前淤积，可能形成三角洲。而有 25% = 1/4，66 万 t 淤在库内，其中 6.6 万 t 将带至坝前，需要或可能由排沙洞排出向下游。

以上只是一个例子，说明其做法与定性性质，事实上张峰水库各个断面水深与流速是变化的，因此，可以需要分段计算。

3. 三维局部冲刷模型

天然河道内水流一般是三维紊流形态，只有通过求解三维紊流模型才有可能正确地模拟其水流运动。水库蓄水运用后，坝前水流流速大大降低，远小于天然情况下的河道流速，在排沙洞进口附近水流流态接近于势流，因此可以通过求解三维势流方程来模拟坝前流场，进而再通过泥沙运动理论，求出坝前冲淤形态。水库排沙洞附近流态虽然可以通过势流方程求解，但冲刷漏斗和河床地形的几何形态比较复杂，如直接进行数值计算，边界条件将难以模拟。针对这些特性，采用贴体坐标技术，进行空间区域变换，将不规则复杂边界构成的几何区域转换成规则的计算区域，将相应的边界条件准确的引用到计算网格点上，这样可以较好地适应计算区域不规则的库区坝前边界。当曲线网格边界可以完全贴合在物理边界上，真实的模拟任意形状的曲线边界时，边界条件的处理就变得简单而准确，可以大大提高计算精度。同时，贴体变换可以在求解区域的任何部分任意调整网格的疏密程度。本报告中采用三维泊松方程对求解区域进行曲线贴体坐标变换。

1）控制方程的推导

设 $x^j(x, y, z)$ 为物理区域的笛卡尔坐标，$\xi_i(\xi, \eta, \zeta)$ 为变换后计算区域的坐标，它们之间的对应关系如下。

$$\mathrm{d}\xi^i = \frac{\partial \xi^i}{\partial x^j} \mathrm{d}x^j = \beta_j^i \mathrm{d}x^j \tag{6-20}$$

$$\mathrm{d}x^j = \frac{\partial x^j}{\partial \xi^i} \mathrm{d}\xi^i = \alpha_i^j \mathrm{d}\xi^i \tag{6-21}$$

设 $\vec{r}$ 为欧式空间的位置矢量，一般曲线坐标的协变基矢量：

$$\vec{g}_i = \frac{\partial \vec{r}}{\partial \xi^i} \tag{6-22}$$

而逆变基矢量

$$\vec{g}^i = \mathrm{grad}\,\xi^i \tag{6-23}$$

协变、逆变度量张量可分别表示为：

$$g_{ij} = g_i \cdot g_j \qquad g^{ij} = g^i \cdot g^j \tag{6-24}$$

三维数值网格的生成，可以通过求解以下方程来实现：

$$\frac{\partial^2 \xi^i}{\partial x^i \partial x^j} = P^i \quad (i,j = 1,2,3) \tag{6-25}$$

将方程自变量由 x^j 变换为 ξ^i，则式（6-25）变成：

$$g^{ij} \frac{\partial^2 x^k}{\partial \xi^i \partial \xi^j} + P^i \frac{\partial x^k}{\partial \xi^i} = 0 \quad (k,i,j = 1,2,3) \tag{6-26}$$

上式即为数值生成网格的控制方程。式中，$P^k(P, Q, R)$ 是调节网格疏密的控制函数：

$$P_k = -\sum_{i=1}^{m} a_{ki} \mathrm{sign}(\xi - \xi_{ki}) \exp(-d_{ki}\,|\,\xi - \xi_{ki}\,|) \tag{6-27}$$

式中　sign——符号传递函数；

　　　a_{ki}——收张幅度；

　　　d_{ki}——衰减因子。

2）控制方程的求解

数值求解方程式（6-26）采用交替方向的有限分析法。首先引入收缩因子：

$$\xi_i^* = \xi_i / \sqrt{g^{ii}} \tag{6-28}$$

方程式（6-26）改写成：

$$\frac{\partial^2 x_k}{\partial \xi_i^* \partial \xi_j^*} = 2A_i \frac{\partial x_k}{\partial \xi_i^*} - S_k \tag{6-29}$$

式中

$$S_k = (1 - \delta_{ij}) \frac{g^{ij}}{\sqrt{g^{ii} g^{jj}}} \frac{\partial^2 x_k}{\partial \xi_i^* \partial \xi_j^*} \tag{6-30}$$

再将式（6-29）改写成三个二维对流扩散方程（去掉 *）

$$\left. \begin{aligned} \frac{\partial^2 x_k}{\partial \xi_1^2} + \frac{\partial^2 x_k}{\partial \xi_2^2} &= 2A_1 \frac{\partial x_k}{\partial \xi_1} + 2A_2 \frac{\partial x_k}{\partial \xi_2} - S_{k3} \\ \frac{\partial^2 x_k}{\partial \xi_2^2} + \frac{\partial^2 x_k}{\partial \xi_3^2} &= 2A_2 \frac{\partial x_k}{\partial \xi_2} + 2A_3 \frac{\partial x_k}{\partial \xi_3} - S_{k1} \\ \frac{\partial^2 x_k}{\partial \xi_3^2} + \frac{\partial^2 x_k}{\partial \xi_1^2} &= 2A_3 \frac{\partial x_k}{\partial \xi_3} + 2A_1 \frac{\partial x_k}{\partial \xi_1} - S_{k2} \end{aligned} \right\} \tag{6-31}$$

式中，源项分别为：

$$\left. \begin{aligned} S_{k3} &= S_k - 2A_3 \frac{\partial x_k}{\partial \xi_3} + \frac{\partial^2 x_k}{\partial \xi_3^2} \\ S_{k2} &= S_k - 2A_2 \frac{\partial x_k}{\partial \xi_2} + \frac{\partial^2 x_k}{\partial \xi_2^2} \\ S_{k1} &= S_k - 2A_1 \frac{\partial x_k}{\partial \xi_1} + \frac{\partial^2 x_k}{\partial \xi_1^2} \end{aligned} \right\} \tag{6-32}$$

交替方向求解以上三个方程，即可得到坐标变换系数，并生成数值网格。

四、计算成果分析

1. 水库淤积形态

1）水库淤积形态判别

水库淤积形态判别指数计算采用清华大学公式：

$$a = \frac{V}{W_s J}$$ (6-33)

式中 J——河道纵比降；

W_s——总入库沙量（m^3）；

V——总库容（m^3）。

根据张峰水库和龙渠河、苏庄河、马必河支流的河道特性和水沙特性，计算水库淤积形态判别指数见表6-5。

张峰水库、支流淤积形态判别指数计算表 表 6-5

	J（‰）	W_0（万 t）	W_1（万 t）	W_s（万 m^3）	V（亿 m^3）	a
龙渠河	8.5	29.1	4.4	26.2	0.516	2.3
苏庄河	13.4	7.5	1.1	6.8	0.082	0.9
马必河	9.6	10.7	1.6	9.6	0.038	0.4
张峰水库	2.6	266.8	40.0	240.1	3.92	6.3

注：W_0——年均悬移质输沙总量；W_1——年均推移质输沙总量。

根据表中计算结果，龙渠河与张峰水库的计算值 $a > 2.2$，龙渠河与张峰水库淤积形态为典型的三角洲淤积。

2）干流淤积特性

图6-35和表6-6为张峰水库干流河床地形淤积变化。可以看出干流淤积特性为典型的三角洲淤积，淤积分为三角洲段、坝前段。

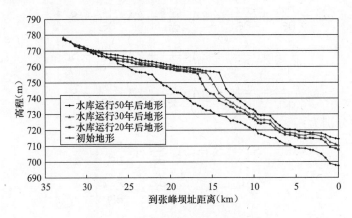

图 6-35 张峰水库干流淤积地形图

河 道	序 号	距离（km）	初始地形	淤积 20 年	淤积 30 年	淤积 50 年
沁河干流	1	32.79	777.40	777.30	778.52	778.20
	2	31.92	775.80	775.80	775.80	775.80
	3	30.84	772.00	773.07	773.29	773.53
	4	29.79	770.00	770.00	770.00	771.33
	5	29.13	768.20	769.73	770.03	770.38
	6	28.51	766.80	769.11	769.29	769.94
	7	27.58	766.00	766.00	766.00	768.00
	8	26.54	764.60	764.60	765.64	767.52
	9	25.57	761.00	763.41	764.96	766.65
	10	24.54	758.00	762.49	764.36	765.93
	11	23.64	756.60	761.55	762.91	764.41
	12	22.98	756.40	761.13	762.44	763.86
	13	22.16	755.21	760.50	761.88	763.33
	14	21.12	750.10	759.45	760.83	762.23
	15	20.45	747.90	758.69	759.87	761.41
	16	19.55	744.00	758.01	759.29	760.64
	17	19.05	743.70	757.48	758.56	759.95
	18	18.33	741.10	757.12	758.29	759.60
	19	17.58	738.40	756.77	757.90	759.09
	20	17.00	736.60	756.32	757.26	758.48
	21	16.41	735.10	752.51	757.07	758.15
	22	15.71	732.50	745.45	756.28	757.31
	23	14.79	730.70	742.53	749.31	756.91
	24	13.31	728.30	736.46	739.53	746.04
	25	12.48	726.10	734.30	736.90	742.00
	26	11.62	724.80	731.68	733.97	738.20
	27	10.53	721.60	728.28	730.22	733.64
	28	9.82	720.20	726.23	728.86	731.80
	29	9.16	717.50	724.06	726.40	729.30
	30	8.07	715.30	723.78	726.20	728.90
	31	6.93	712.90	718.67	720.36	722.85
	32	5.72	710.90	716.90	718.40	720.40
	33	4.64	708.60	715.10	716.90	719.12
	34	3.34	707.60	714.92	717.52	718.20
	35	2.03	705.00	714.25	716.00	718.00
	36	0.99	698.80	709.30	712.40	715.60
	37	0.00	697.50	707.60	710.40	714.40
龙渠河支流	1	6.29	768.10	768.10	768.10	768.10
	2	5.84	765.20	765.20	765.20	765.37
	3	5.31	759.50	761.76	763.18	764.40
	4	4.87	756.80	760.99	762.26	763.50
	5	4.39	749.50	759.89	761.06	762.64
	6	3.89	747.40	758.61	759.61	760.99
	7	3.44	740.60	757.39	758.31	759.65
	8	3.06	734.80	756.51	757.47	758.72
	9	2.56	731.00	746.54	752.93	757.16
	10	2.26	728.45	737.10	740.60	749.88
	11	1.95	724.70	735.24	737.88	743.05
	12	1.44	719.00	726.60	729.10	732.05
	13	0.98	720.00	726.00	728.00	730.77
	14	0.46	713.80	720.26	721.88	724.27
	15	0.00	710.10	717.60	719.00	721.30

河 道	序 号	距离（km）	初始地形	淤积20年	淤积30年	淤积50年
苏庄河支流	1	2.92	769.00	769.00	769.00	769.00
	2	2.53	764.00	764.00	764.00	764.00
	3	2.35	758.80	761.09	762.25	763.30
	4	2.10	754.80	760.14	761.20	762.58
	5	1.69	748.80	758.49	759.33	760.54
	6	1.29	740.00	757.04	757.84	758.88
	7	0.89	738.00	748.39	755.06	757.44
	8	0.44	732.50	741.45	744.35	749.43
	9	0.00	727.40	732.88	734.48	736.60
马必河支流	1	2.60	773.00	773.00	773.00	773.00
	2	2.17	767.10	767.10	767.10	767.81
	3	1.70	761.00	762.53	763.93	765.46
	4	1.27	757.00	760.91	762.06	763.75
	5	0.85	753.50	759.22	760.46	762.13
	6	0.43	747.00	757.95	759.30	761.12
	7	0.00	744.40	751.69	754.46	760.00

三角洲淤积形态如图 6-35 所示，三角洲特性参数见表 6-7。顶坡段比降变化范围为 0.78‰～0.88‰，前坡段比降变化范围为 4.7‰～6.4‰。随着淤积年限增加三角洲比降、长度逐渐增加，洲头位置逐渐下移，50 年后下移距离为 7.6km，洲尾位置即水库末端上移，形成翘尾巴现象，50 年后洲尾上移距离为 8.5km。三角洲上的淤积物级配沿程逐渐减小，在三角洲顶坡段主要有推移质淤积物和悬移质较粗的泥沙，粒径变化范围为 20～0.02mm，在三角洲前坡段，除推移质中较细部分外，其他主要是悬移质中大于 0.02mm 的粗颗粒泥沙，粒径变化范围为 5～0.02mm。

张峰水库干流三角洲淤积特征表 表 6-7

淤积年限（年）	20	30	50
顶坡比降（‰）	0.78	0.83	0.88
前坡比降（‰）	4.72	5.51	6.40
洲顶长度（m）	9677	12097	16129
洲头位置（m）	16774	15645	14194
洲尾位置（m）	26290	27742	29839
洲头位移（m）	4032	5645	7581
洲尾位移（m）	-5645	-6452	-8548

库区淤积物干密度 $\gamma' = g\rho'$ 反映了泥沙淤积物的密实程度，来流含沙量与输沙量以重量 W（kg，t）的形式给出，在库区淤积后转化为以体积形式 V（m³）给出，其关系为 $V = \dfrac{W}{\rho}$，在河床变形方程式中也以此关系式转换。在同样来沙量条件下，干密度 γ' 越大，淤积物所占体积越小；反之，干密度 γ' 越小，淤积物所占体积越大，库容损失就大。一般新淤积泥沙比较松散，干密度比较小，随着沉积时间的增加，淤积物逐渐密实，干密度会变大。根据实测资料统计，水库淤积物干密度一般在 1.25～1.3t/m³ 左右，根据初步设计要求，悬移质淤积物干密度采用 1.25t/m³，不会对水库冲淤变化规律和运行造成影响。

随着三角洲淤积向下游推进，坝前段长度逐渐缩短，坝前淤积厚度逐渐增加。淤积 50 年后，坝前平均淤积厚度为 17m，平均每年淤高 0.3m，水库运用初期，淤积厚度增加较快，随后淤积厚度增加变慢。坝前淤积物均为小于0.03mm的细颗粒泥沙，粒径变化范围为0.03～0.007mm，越靠近坝前，泥沙颗粒越细。

3）支流淤积特性

（1）龙渠河淤积特性

龙渠河支流河床淤积地形见图6-36和表6-6，淤积形态与干流类似，也为典型的三角洲淤积形态，三角洲顶坡和前坡比降大于干流相应比降，顶坡比降变化在1.8‰～2.3‰，前坡比降变化在20‰左右。

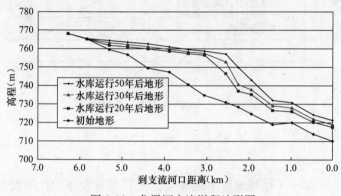

图6-36　龙渠河支流淤积地形图

随着淤积年限增加，三角洲比降、长度逐渐增加，洲头位置逐渐下移，50年后下移距离为2.3km，洲尾位置即水库末端上移，形成翘尾巴现象，50年后洲尾上移距离为1.0km。三角洲上的淤积物级配沿程逐渐减小，在三角洲顶坡段有推移质淤积物和悬移质较粗的泥沙，在三角洲前坡段，除部分推移质外，其他主要是悬移质中大于0.02mm的粗颗粒泥沙。

（2）苏庄河淤积特性

苏庄河支流河床淤积地形见图6-37和表6-6，淤积形态与干流类似，但由于支流河道较短，没有类似干流水库的坝前段，三角洲顶坡和前坡比降大于干流相应比降，顶坡比降变化在3.7‰～3.9‰，前坡比降变化在18‰～23‰。随着淤积年限增加三角洲比降、长度逐渐增加，洲头位置逐渐下移，三角洲前坡底直接到达支流河口。

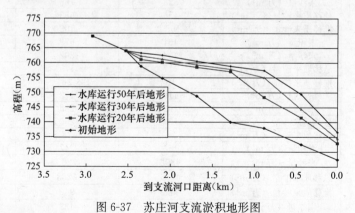

图6-37　苏庄河支流淤积地形图

（3）马必河淤积特性

马必河支流河床淤积地形见图6-38和表6-6，马必河支流接近库区末端，河床比降陡，河道回水段短，淤积很快到达河口，河床比降在4‰左右，因此50年后的河道淤积形态类似于锥体淤积。水库末端上移，形成翘尾巴现象。

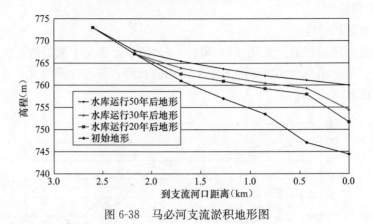

图 6-38 马必河支流淤积地形图

2. 水库淤积总量变化

1）50年淤积量变化

表6-8和图6-39给出了张峰水库干流和支流淤积总量和排沙比随淤积年限变化情况，表中来沙量体积为悬移质来沙量和推移质来沙量之和，悬移质密度按$1.25t/m^3$，推移质密度按$1.5t/m^3$。随着淤积年限的增加，总淤积量逐渐增加，相对于来沙量来说淤积速率逐渐减小、排沙比逐渐增加，但变化幅度不大。

张峰水库淤积量变化表   表6-8

河　道	淤积年限（年）	20	30	50
沁河干流	来沙量（万m³）	3952	5928	9880
	悬移质来沙量（万m³）	3437	5155	8592
	推移质来沙量（万m³）	515	773	1289
	淤积量（万m³）	3497	5201	8171
	三角洲淤积量（万m³）	2664	3932	6128
	坝前淤积量（万m³）	833	1268	2043
龙渠河支流	来沙量（万m³）	523	785	1309
	悬移质来沙量（万m³）	455	683	1138
	推移质来沙量（万m³）	68	102	171
	淤积量（万m³）	461	679	1041
苏庄河支流	来沙量（万m³）	134	202	336
	悬移质来沙量（万m³）	117	175	292
	推移质来沙量（万m³）	18	26	44
	淤积量（万m³）	116	172	261
马必河支流	来沙量（万m³）	192	288	480
	悬移质来沙量（万m³）	167	250	417
	推移质来沙量（万m³）	25	38	63
	淤积量（万m³）	165	247	371
张峰水库	来沙量（万m³）	4802	7203	12005
	悬移质来沙量（万m³）	4176	6263	10439
	推移质来沙量（万m³）	626	940	1566
	塌岸量（万m³）	328	438	656
	总淤积量（万m³）	4567	6737	10500
	水库排沙量（万m³）	563	904	2161
	水库排沙比（%）	13.5	14.4	20.7

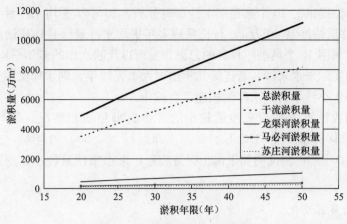

图 6-39　张峰水库淤积量变化图

张峰水库排沙比变化范围在 13%～20%，龙渠河支流排沙比变化范围为 14%～24%；由于马必河支流河段较短，河床比降较陡，三角洲淤积发展较快，因此排沙比较干流大，淤积后 50 年三角洲头已达到河口，排沙比变化范围为 16%～26.4%。水库运行 20、30、50 年后淤积总量分别为 4567、6737、10500 万 m³，其中三个支流淤积量占总淤积量的 12% 左右，干流淤积量占总淤积量的 78% 左右。随着三角洲淤积向坝前的推移，坝前段逐渐缩短，三角洲逐渐扩大，三角洲淤积量也逐年增加，水库淤积 20、30、50 年后，三角洲淤积量和坝前淤积量之比为 3.1：1.0 左右。

2）不同水沙条件对淤积影响

水库淤积量与来水来沙条件密切相关，为了分析不同水沙条件对淤积的影响，分别计算了 10 个典型年水沙条件下，库区的淤积情况（表 6-9）。

典型年淤积量统计表　　　　　　　　　　　　　　　　表 6-9

年　份	径流量（亿 m³）	悬移质输沙量（万 t）	来沙量（万 m³）	淤积量（万 m³）
1964	11.81	328.4	296	254
1965	2.85	21.6	19	17
1967	6.72	456.6	411	367
1971	9.17	939.5	846	740
1974	2.26	86.5	78	69
1975	7.04	393.3	354	313
1978	3.28	140.4	126	118
1979	2.66	163.1	147	132
1987	1.19	33.2	30	27
1989	2.82	105.0	95	90
十年平均	4.98	266.8	240	213
合计	49.8	2668	2401	2127

据计算结果分析，由于水库壅水，破坏了原天然河道输沙能力，入库推移质泥沙全部淤积在库区，入库悬移质泥沙也大部分淤积在三角洲和坝前。从表中统计的结果可以看出，来沙量越大，淤积量越大，大水沙年 1971 年，淤积量较大，为 740 万 m³，小水沙年 1965，淤积量较小，为 17 万 m³，是 1971 年的 2.3%，因此，在水库淤积计算时，典型年的选取十分重要。

根据设计单位提供的 10 个典型年水沙资料分析，10 年年平均来沙量（悬移质输沙量 266.8 万 t，推移质输沙量 40 万 t）与长系列多年平均来沙量（悬移质输沙量 264.9 万 t）基本一致，因此采用 10 个典型年计算的总淤积量可以反映水库的多年平均淤积情况。

对于以后的实际来水来沙，若连续几年出现大水大沙年，则水库淤积速率会增大，而连续几年出现小水小沙年时，水库淤积速率会减小。

例如，我们曾计算了平均来沙量较小的 8 个典型年淤积情况（年均悬移质输沙量 162 万 t，年均推移质输沙量 24.3 万 t），当水库运行 20、30、50 年后，淤积总量分别为 2600、3900、6100 万 m³。说明如果水土保持较好，来水来沙量较小，则张峰水库淤积情况还会有所减缓。

3. 淤积前后库容变化

表 6-10 和图 6-39 分别给出了张峰水库总库容随水位和淤积年限的变化。可以看出，随着淤积年限的增加，各种水位下库容逐渐损失减小，在校核洪水位下（$P=0.05\%$，$Z=762.47$m），水库淤积 20、30、50 年后总库容由原来的 3.93 亿 m³，分别减小到 3.47、3.26、2.89 亿 m³，库容损失率分别为 11.5%、16.9%、26.4%。其他各级水位下的水位库容关系见表 6-10 和图 6-40。

张峰水库总库容变化表 表 6-10

高 程 (m)	面 积 (km²)	原始库容 (万 m³)	20 年库容 (万 m³)	30 年库容 (万 m³)	50 年库容 (万 m³)
725	4.00	3767	2941	2617	1866
730	5.48	6105	5049	4666	3787
735	7.15	9298	7799	7279	6079
740	8.49	13169	11242	10464	8880
745	9.76	17720	15322	14249	12115
750	11.11	22923	19918	18530	15820
755	12.50	28836	25017	23307	19944
760	14.24	35522	31051	28980	25271
765	16.30	43080	38513	36343	32580

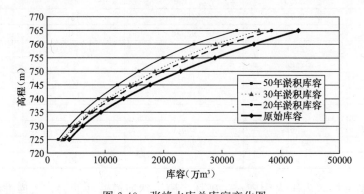

图 6-40 张峰水库总库容变化图

4. 淤积前后水面线变化

1）计算公式
水库回水曲线计算采用河道恒定非均匀流水面曲线计算公式

$$z_1 + \frac{\alpha v_1^2}{2g} = z_2 + \frac{\alpha v_2^2}{2g} + h_f + h_j \tag{6-34}$$

式中　z_1、z_2——分别为上游断面和下游断面的水位；

　　　h_f、h_j——分别为上、下游断面之间的沿程水头损失和局部水头损失；

　　　v_1、v_2——分别为上游断面和下游断面的流速。

沿程水头损失：

$$h_f = \frac{n(v_1 + v_2)^2}{\overline{R}^{\frac{3}{4}}} \tag{6-35}$$

式中　n——糙率；

　　　$\overline{R}$——两断面的平均水力半径。

根据张峰水文站实测洪水资料分析，该段河道平均糙率为 0.03，河道主槽糙率取值一般为 0.025，滩地一般取 0.045。

2）水面线计算条件

计算地形分别为河床初始地形、水库淤积 20 年、30 年和 50 年后的河道地形。计算条件分别为：

频率 $p=5\%$ 的流量，防洪高水位 759.72m；

频率 $p=20\%$ 的流量，正常蓄水位 759.5m；

非汛期最大流量，防洪限制水位 756.5m（表 6-11）。

张峰水库、支流天然水面线起始流量　（单位：m^3/s）　　表 6-11

频率　　　　名称	$P=5\%$	$P=20\%$	非汛期最大流量
张峰水库	2156	842	367
支流龙渠河	393	153	67
支流苏庄河	149	58.1	25
支流马必河	190	74.2	32

3）回水曲线计算成果

回水曲线计算采用正常蓄水位、非汛期最大流量与防洪高水位、汛期洪峰流量两种组合推求出各自水面线，取其外包线作为回水曲线。

水库回水末端由水库干、支流回水曲线高于同一断面同频率天然水面线（0.1～0.3m）而定。干流、支流回水长度见表 6-12，回水计算结果见表 6-13 及图 6-41。由于三角洲顶坡淤积上延，形成翘尾巴现象，回水末端逐渐上移。

回水长度计算统计表　　　　（单位：km）　　表 6-12

淤积年限	频率	干流	龙渠河	苏庄河	马必河
20	5%	27.6	5.6	2.8	2.1
	20%	26.8	5.6	2.7	2.1
30	5%	29.8	5.7	2.8	2.2
	20%	29.3	5.7	2.8	2.2
50	5%	31.0	6.1	2.9	2.4
	20%	30.9	6.0	2.9	2.3

张峰水库水面线计算成果表

（单位：m） 表 6-13

河道	序号	距离 (km)	天然		20年			30年			50年		
			P=5%	P=20%	P=5%	非汛期	P=20%	P=5%	非汛期	P=20%	P=5%	非汛期	P=20%
沁河干流	1	32.79	785.15	782.77	785.25	781.59	782.90	785.28	781.61	782.93	785.32	781.66	782.98
	2	31.92	782.41	780.24	782.45	778.66	780.27	782.47	778.67	780.32	782.51	778.71	780.38
	3	30.84	780.07	777.39	780.25	776.07	777.60	780.32	776.17	777.67	780.43	776.28	777.76
	4	29.79	777.93	775.09	778.12	773.57	775.21	778.25	773.71	775.33	778.55	773.98	775.56
	5	29.13	776.18	773.44	776.47	772.41	773.78	776.57	772.56	773.90	777.04	772.86	774.25
	6	28.51	774.84	772.09	775.12	771.00	772.35	775.20	771.06	772.41	776.01	771.80	773.17
	7	27.58	772.52	770.32	772.84	769.33	770.53	773.05	769.47	770.70	774.07	770.60	771.77
	8	26.54	769.75	767.85	770.29	767.00	768.21	771.05	767.92	769.00	772.18	769.26	770.21
	9	25.57	767.86	765.49	769.27	765.70	766.97	770.20	766.98	768.05	771.38	768.41	769.36
	10	24.54	766.84	763.88	768.65	764.79	766.22	769.49	765.92	767.12	770.61	767.22	768.31
	11	23.64	764.56	761.93	767.66	763.87	765.17	768.61	765.01	766.29	769.81	766.39	767.54
	12	22.98	762.65	760.62	766.23	762.97	764.05	767.35	764.19	765.26	768.71	765.63	766.66
	13	22.16	759.77	758.13	764.62	761.86	762.74	765.73	763.17	764.00	767.05	764.57	765.35
	14	21.12	756.89	754.42	763.83	760.90	761.86	764.84	762.11	762.99	766.08	763.47	764.30
	15	20.45	754.31	751.95	763.17	760.41	761.26	764.17	761.48	762.34	765.42	762.82	763.65
	16	19.55	752.44	749.66	762.61	759.98	760.62	763.59	760.72	761.64	764.85	762.00	762.95
	17	19.05	749.79	747.79	761.70	759.76	759.96	762.72	760.30	761.04	763.92	761.51	762.32
	18	18.33	747.80	745.82	761.06	759.64	759.30	762.03	759.91	760.39	763.15	760.85	761.61
	19	17.58	744.89	742.62	760.58	759.60	758.73	761.49	759.71	759.79	762.52	760.26	760.95
	20	17.00	743.23	740.79	760.01	759.57	757.95	760.92	759.63	759.21	761.85	759.90	760.34
	21	16.41	741.35	739.22	759.81	759.56	756.56	760.63	759.60	758.78	761.49	759.72	759.89
	22	15.71	739.06	737.40	759.78	759.55	756.56	760.01	759.56	757.93	760.72	759.61	759.27
	23	14.79	736.73	735.08	759.78	759.55	756.55	759.78	759.55	756.55	760.04	759.56	758.30

134

河道	序号	距离(km)	天然		20年			30年			50年		
			P=5%	P=20%	P=5%	非汛期	P=20%	P=5%	非汛期	P=20%	P=5%	非汛期	P=20%
沁河干流	24	13.31	734.70	732.49	759.77	759.55	756.55	759.78	759.55	756.55	759.78	759.55	756.55
	25	12.48	732.70	730.71	759.77	759.54	756.54	759.77	759.54	756.54	759.77	759.54	756.54
	26	11.62	730.91	729.21	759.76	759.54	756.54	759.76	759.54	756.54	759.77	759.54	756.54
	27	10.53	728.13	725.80	759.76	759.54	756.54	759.76	759.54	756.54	759.76	759.54	756.54
	28	9.82	726.40	724.22	759.76	759.53	756.53	759.76	759.53	756.53	759.76	759.53	756.53
	29	9.16	725.93	723.44	759.75	759.53	756.53	759.75	759.53	756.53	759.76	759.53	756.53
	30	8.07	723.00	720.75	759.75	759.53	756.53	759.75	759.53	756.53	759.75	759.53	756.53
	31	6.93	720.73	718.18	759.75	759.52	756.52	759.75	759.52	756.52	759.75	759.52	756.52
	32	5.72	718.96	716.57	759.74	759.52	756.52	759.74	759.52	756.52	759.74	759.52	756.52
	33	4.64	717.47	714.69	759.74	759.52	756.52	759.74	759.52	756.52	759.74	759.52	756.52
	34	3.34	715.57	713.03	759.73	759.51	756.51	759.73	759.51	756.51	759.73	759.51	756.51
	35	2.03	713.15	710.85	759.73	759.51	756.51	759.73	759.51	756.51	759.73	759.51	756.51
	36	0.99	707.50	705.93	759.72	759.50	756.50	759.72	759.50	756.50	759.72	759.50	756.50
	37	0.00	703.90	702.50	759.72	759.50	756.50	759.72	759.50	756.50	759.72	759.50	756.50
马必河支流	1	2.60	775.13	774.52	775.13	774.11	774.52	775.13	774.12	774.52	775.14	774.11	774.52
	2	2.17	768.80	768.26	768.79	767.94	768.26	768.78	767.96	768.26	769.22	768.37	768.67
	3	1.70	763.87	763.10	764.82	763.58	764.16	765.77	764.72	765.11	767.16	766.20	766.56
	4	1.27	759.32	758.73	761.60	761.09	761.21	762.67	762.23	762.35	764.24	763.92	764.03
	5	0.85	754.81	754.51	761.41	759.71	759.74	762.43	760.67	760.89	763.60	762.33	762.46
	6	0.43	750.59	749.71	761.41	759.70	759.67	762.42	760.12	760.78	763.58	761.35	762.03
	7	0.00	747.50	746.76	761.40	759.70	759.67	762.41	760.12	760.77	763.58	761.25	762.02

河道	序号	距离(km)	天然 P=5%	天然 P=20%	20年 P=5%	20年 非汛期	20年 P=20%	30年 P=5%	30年 非汛期	30年 P=20%	50年 P=5%	50年 非汛期	50年 P=20%
龙溪河支流	1	6.29	771.76	770.60	771.76	769.98	770.60	771.76	769.98	770.60	771.77	769.98	770.61
	2	5.84	768.82	767.81	768.82	767.25	767.81	768.81	767.26	767.80	769.30	767.47	768.13
	3	5.31	763.43	762.27	764.63	762.96	763.56	765.79	764.18	764.76	767.36	765.84	766.39
	4	4.87	760.00	759.11	763.16	761.82	762.30	764.26	763.01	763.45	765.83	764.66	765.07
	5	4.39	753.56	752.41	761.43	760.48	760.82	762.44	761.58	761.89	763.84	763.07	763.34
	6	3.89	750.45	749.63	760.05	759.54	759.23	760.72	759.97	760.21	762.03	761.33	761.56
	7	3.44	743.86	742.80	759.80	759.52	758.16	759.96	759.53	759.03	760.83	760.07	760.33
	8	3.06	738.93	737.64	759.74	759.51	756.94	759.77	759.51	758.07	759.97	759.53	759.30
	9	2.56	734.13	733.32	759.73	759.51	756.51	759.73	759.51	756.51	759.74	759.51	757.56
	10	2.26	730.77	730.19	759.73	759.51	756.51	759.73	759.51	756.51	759.73	759.51	756.51
	11	1.95	728.39	727.65	759.73	759.51	756.51	759.73	759.51	756.51	759.73	759.51	756.51
	12	1.44	724.54	723.32	759.73	759.51	756.51	759.73	759.51	756.51	759.73	759.51	756.51
	13	0.98	722.85	722.02	759.73	759.51	756.51	759.73	759.51	756.51	759.73	759.51	756.51
	14	0.46	716.61	715.86	759.73	759.51	756.51	759.73	759.51	756.51	759.73	759.51	756.51
	15	0.00	713.58	711.57	759.73	759.51	756.51	759.73	759.51	756.51	759.73	759.51	756.51
苏庄河支流	1	2.92	771.40	770.60	771.48	770.33	770.82	771.49	770.36	770.79	771.45	770.30	770.79
	2	2.53	765.36	764.79	766.36	765.41	765.80	766.37	765.40	765.79	766.64	765.61	766.02
	3	2.35	760.99	760.43	762.57	761.67	761.99	763.59	762.77	763.07	764.92	764.20	764.46
	4	2.10	756.87	756.38	761.05	760.45	760.66	762.04	761.49	761.68	763.35	762.85	763.02
	5	1.69	751.62	750.88	759.87	759.55	758.99	760.21	759.68	759.80	761.29	760.80	760.97
	6	1.29	743.36	742.38	759.77	759.54	757.46	759.78	759.54	758.24	759.87	759.55	759.24
	7	0.89	740.72	740.07	759.77	759.54	756.54	759.77	759.54	756.54	759.77	759.54	757.77
	8	0.44	735.21	734.54	759.76	759.54	756.54	759.77	759.54	756.54	759.77	759.54	756.54
	9	0.00	730.20	728.84	759.76	759.54	756.54	759.76	759.54	756.54	759.77	759.54	756.54

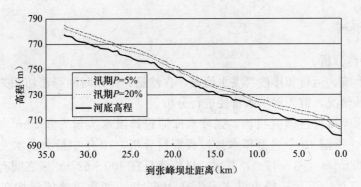

图 6-41a　张峰水库干流天然水面线（初始地形）

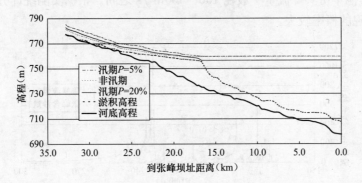

图 6-41b　张峰水库干流回水曲线（淤积 20 年地形）

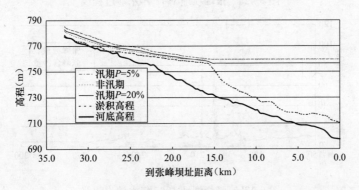

图 6-41c　张峰水库干流回水曲线（淤积 30 年地形）

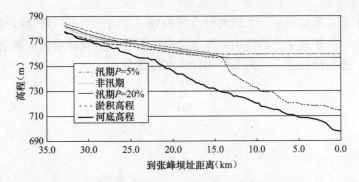

图 6-41d　张峰水库干流回水曲线（淤积 50 年地形）

5. 异重流特性

1）洪水特性分析

异重流的形成、运行和排沙与洪水流量、含沙量、持续时间等密切相关。为说明张峰水库异重流排沙情况，首先对洪水特性进行分析。

根据张峰水库可行性研究报告，张峰水库原设计洪水流量为 3920m³/s，实测最大流量为 1710m³/s。根据 10 个典型年水沙过程资料分析，10 年中最大洪水发生在 1971 年，洪峰流量为 1162m³/s（图 6-42a），其次，洪峰流量在 400～627m³/s 之间有 5 次，分别出现在 1971、1967、1975 年；最小洪水发生在 1965 年，两次洪峰流量均在 100m³/s 左右（图 6-42b）。其他年份洪峰流量一般在 100～400m³/s 之间。根据实测统计分析结果，流量为 400m³/s 出现的概率较大。

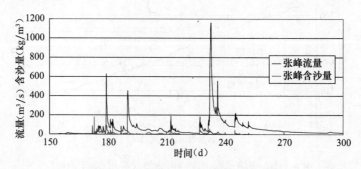

图 6-42a　张峰坝址 1971 年水沙过程线

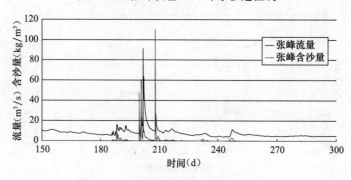

图 6-42b　张峰坝址 1965 年水沙过程线

2）异重流的形成

异重流是不同重率但相差不大的两种流体的分层运动。当有一定含沙量的浑水进入水库与清水相遇后，由于重率差的作用，浑水会潜入下层，形成异重流向坝前运动。异重流有一个潜入点，根据经验潜入点的条件为浮力弗汝德数

$$Fr' = \frac{V}{\sqrt{\eta_g g h}} = 0.78 \qquad (6-36)$$

或

$$Fr'^2 = \frac{V^2}{\eta_g g h} = 0.6 \qquad (6-37)$$

$$\eta_g = \frac{\Delta\gamma}{\gamma} = \frac{\gamma_m - \gamma}{\gamma} = \frac{0.622S}{1000 + 0.622S} \qquad (6-38)$$

式中　V——流速；

　　　　h——水深；

　　　　g——重力加速度；

　　　　γ_m、γ——浑水与清水之重度；

　　　　S——悬移质含沙量；

　　　　η_g——重力修正系数。

如果上游 Fr' 大于此值而下游变为 Fr' 小于此值，则发生潜入异重流。

根据张峰水库实际水沙资料分析，张峰水库原设计洪水流量为 3920m³/s，实测最大流量为 1710m³/s，10 个典型年中，洪水流量变化在 50～1162m³/s，洪峰含沙量变化在 1～176kg/m³，多年平均含沙量为 5.54kg/m³，小于 0.02mm 的细颗粒泥沙占悬移质的 43%。当洪水入库前水深较小，流速较大，Fr' 一般大于 0.78，而洪水入库后水深变大，流速变小，Fr' 一般小于 0.78。因此，从水沙条件来看，当水库建成运用后，极易形成异重流，潜入点即在回水末端下游或三角洲头附近。表 6-14 给出流量为 100m³/s、800m³/s 时各断面的流速、水深及相应的浮力弗汝德数沿程变化情况，由此可以找出不同情况下相应异重流潜入点的位置。表 6-15 给出了不同流量、不同含沙量及不同坝前水位时，潜入点到坝址的距离。

可以看出潜入点位置随流量变化关系为，流量、流速大，则潜入点下移；潜入点位置随含沙量变化规律为来流含沙量大，则潜入点上移。在其他条件一定时，坝前水位越低，潜入点距坝前越近。当出现淤积三角洲后，异重流潜入点的位置，一般出现在淤积三角洲头附近。异重流运行距离（坝前段长度）约为 10～20km，随着淤积年限增加，坝前段逐渐缩短，潜入点到坝址的距离也逐渐缩短，有利于异重流排沙。

异重流潜入点计算表　　　　　　　　　　　　表 6-14

序号	$Q=100\text{m}^3/\text{s}$						$Q=800\text{m}^3/\text{s}$				
	距离(km)	速度(m/s)	水深(m)	$Fr's=1$(kg/m³)	$Fr's=5$(kg/m³)	$Fr's=20$(kg/m³)	速度(m/s)	水深(m)	$Fr's=5$(kg/m³)	$Fr's=20$(kg/m³)	$Fr's=100$(kg/m³)
1	29.8	1.78	1.22	17.00	7.61	3.82	9.06	3.03	9.85	4.95	2.27
2	26.5	1.54	1.35	12.49	5.59	2.81	9.37	3.25	9.18	4.61	2.11
3	24.0	1.35	0.93	19.48	8.72	4.38	5.10	2.30	8.40	4.22	1.93
4	22.3	1.76	1.59	11.24	5.03	2.53	7.97	3.19	8.02	4.03	1.85
5	20.8	1.35	1.04	16.31	7.30	3.67	7.50	2.54	10.61	5.33	2.44
6	20.3	0.93	0.90	13.98	6.26	3.14	5.10	1.84	11.75	5.90	2.70
7	20.0	0.48	1.84	2.44	1.09	0.55	3.77	2.35	6.00	3.02	1.38
8	19.5	0.74	3.65	1.36	0.61	0.31	5.43	3.56	4.63	2.33	1.07
9	18.6	0.40	4.11	0.62	0.28	0.14	3.19	4.25	2.09	1.05	0.48
10	18.0	0.78	5.24	0.83	0.37	0.19	6.18	5.28	2.92	1.47	0.67
11	17.6	0.37	6.38	0.30	0.13	0.07	2.97	6.41	1.05	0.53	0.24
12	17.1	0.43	6.74	0.31	0.14	0.07	3.41	6.76	1.12	0.56	0.26
13	16.7	0.68	10.94	0.24	0.11	0.05	5.45	10.96	0.86	0.43	0.20
14	16.1	0.36	9.99	0.15	0.07	0.03	2.88	9.99	0.52	0.26	0.12
15	15.6	0.34	10.54	0.13	0.06	0.03	2.74	10.54	0.46	0.23	0.11
16	12.0	0.15	18.59	0.02	0.01	0.01	1.23	18.59	0.09	0.04	0.02
17	9.2	0.24	25.55	0.02	0.01	0.01	1.88	25.55	0.08	0.04	0.02
18	6.6	0.23	27.39	0.02	0.01	0.01	1.83	27.39	0.07	0.04	0.02
19	3.7	0.24	28.91	0.02	0.01	0.004	1.93	28.91	0.07	0.04	0.02
20	3.4	0.18	31.43	0.01	0.01	0.003	1.44	31.43	0.05	0.02	0.01
21	0.0	0.19	41.10	0.01	0.00	0.002	1.50	41.10	0.03	0.02	0.01

3) 异重流持续运动

浑水潜入库区形成异重流后，需要满足一定条件才能达到坝前并从排沙洞排出，否则异重流会很快停止运动，并就地淤积消失。异重流持续条件是来流洪水流量具有持续性，持续时间必须大于异重流运动到坝前的时间。根据经验洪水持续时间一般为洪水涨峰和落峰之间的时间，异重流运动到坝前的时间与异重流运动速度有关。

由于非恒定异重流运动速度计算相当复杂且理论研究尚不很成熟，目前异重流运动速度多采用分段恒定非均匀流。明渠水流的运动速度为达西—威斯巴赫公式

$$V = \sqrt{\frac{8}{\lambda} g h J_0} \tag{6-39}$$

类似的异重流运动速度计算公式为

$$V' = \sqrt{\frac{8}{\lambda'} \eta_g g h' J_0} \tag{6-40}$$

式中　V，V'——明渠水流运动速度和异重流运动速度；

　　　h，h'——明渠流水深和异重流水深；

　　　J_0——河床比降；

　　　λ，λ'——明渠流阻力系数和异重流阻力系数。

$$\lambda' = \lambda(1 + \alpha_h) \tag{6-41}$$

一般取 $\lambda = 0.03$，$\alpha_h = 0.43$。利用 $q = V'h' = Vh$ 上式可以写为

$$V = \sqrt[3]{\frac{8}{\lambda} g q J_0} \tag{6-42}$$

$$V' = \sqrt[3]{\frac{8}{\lambda'} \eta_g g q J_0} \tag{6-43}$$

两式比较可以看出，在其他条件一定时，异重流运动速度和明渠流运动速度之比为

$$\frac{V'}{V} = \sqrt[3]{\eta_g \frac{\lambda}{\lambda'}} \tag{6-44}$$

相应的异重流水深大于明渠流水深。异重流水深与明渠流水深关系为

$$h' = \sqrt[3]{\frac{\lambda' q^2}{\eta_g g J_0}} = \sqrt[3]{\frac{\lambda'}{\lambda \eta_g}} h \tag{6-45}$$

异重流挟沙力 S'_* 与明渠流挟沙力 S_* 之比为　　　　　　　　　　　(6-46)

$$\frac{S'_*}{S_*} = \sqrt[3]{\eta_g^m \frac{\lambda^m}{\lambda'^m}} \tag{6-47}$$

式中　m——挟沙力指数。

根据上述理论分析，异重流的形成、潜入点位置、持续运动，排沙与洪峰来水、来沙流量大小、含沙量大小变化过程持续时间及排沙洞调度进行密切相关。洪峰流量大、持续时间长，有利异重流排沙。

4) 异重流沿程淤积和排沙比

异重流刚潜入时，尚含有一定数量的粗颗粒泥沙，随着异重流的运动，粗颗粒泥沙很快淤积下来，然后持续运动的异重流主要是挟带小于 $0.03 \sim 0.02$mm 的细颗粒泥沙。当异重流运动到坝前时，若排沙洞及时打开，则能排走异重流浑水泥沙，若排沙洞不能及时打开或开度较小，则异重流在坝前形成浑水水库，泥沙逐渐淤积在坝前。异重流排沙效果除

了与洪水流量、含沙量特性有关外，还与水库调度运行方式有关。根据水库防洪调度原则，在汛期保持坝前水位为756.5m不变，排沙洞下泄流量一般等于来流洪水流量，最大下泄流量为800m³/s。在非汛期，如果水位达到正常蓄水位759.5m，则开闸泄流，其他情况主要是满足供水发电。

为了分析不同工况下异重流的排沙效果，分别选取同一流量不同运行水位和同一水位不同洪水流量时，异重流的运行特性，计算结果见表6-15。

① 同一流量不同运行水位

根据上述洪水特性分析，洪水流量为400m³/s出现概率较多，因此洪水流量选取为$Q=400$m³/s，水位分别选取正常蓄水位759.5m和750m、740m三种水位。

由计算结果可知，随着含沙量的增大，重力修正系数η_g逐渐增大。相应的异重流流速增大，而水深减小，异重流到达坝前的时间减小，因此异重流排沙量、排沙比增大。随着坝前水位减低，由于异重流潜入点位置下移，异重流运行距离、时间缩短，有利于异重流排沙，因此排沙量和排沙比增大。

② 同一水位不同洪水流量

因为洪水一般发生在汛期，根据水库调度原则，汛期水位限制在756.5m，因此水位选取防洪限制水位756.5m，流量分别选为设计流量3920m³/s、最大实测流量1710m³/s、排沙洞最大下泄流量800m³/s和100m³/s。

在同一水位和含沙量情况下，随着流量增大，异重流潜入点到坝前距离减小，异重流水深、流速都增加，运行时间也明显减小，因此有利于异重流排沙。例如，含沙量为5kg/m³，坝前水位为756.5m，当流量从100m³/s增大到800m³/s时，异重流运行速度增大近一倍，运行时间缩短一半，排沙比从0.17增大到0.25。由于排沙洞泄流能力限制，当流量等于1710m³/s和3920m³/s，只能排泄800m³/s，因此此时异重流排沙比为0.14和0.09。为了增大排沙比，可以采用如下调度方式，当流量大于800m³/s时，只采用底孔排泄800m³/s，而将其余水沙先拦截在库中，当来流量小于800m³/s时，继续排泄800m³/s流量，可以排走留在库中尚未沉降的底层泥沙。

根据张峰水库10个典型年实测资料统计，洪峰流量变化范围为50～1162m³/s，小于0.02mm的细沙含量变化范围为0.5～80kg/m³，因此，重力修正系数变化范围为0.0003～0.0474，异重流速度变化范围为0.2～2.5m/s，异重流厚度变化范围为3～10m，异重流运动到坝前时间变化范围为2～25h。如果异重流运行到坝前时排沙洞闸门不能及时打开则异重流爬高为5～15m。当洪峰平均流量为400m³/s，平均含沙量为5kg/m³，相应的异重流运动速度和厚度分别为0.64m/s、6.6m。异重流到达坝前的时间为7.7h，异重流排沙比为21%。

根据水库泥沙冲淤综合计算结果，淤积20年、30年和50年的平均排沙比分别为13.5%、14.4%、20.7%，随着淤积年限的增加，异重流排沙比逐渐增加，主要原因是三角洲向坝前推移，异重流潜入点到坝址距离缩短，容易达到坝前、异重流淤积减小。

导流泄洪洞洞底高程设置为703m，与河底高程基本相同，对排沙是非常有利的。当异重流运行到坝前时，只要打开闸门，即可直接排出，如果洞底坎高程较河床高，则当异重流到达坝前时，还需要爬高，靠排水将异重流吸起，然后再排出，这样往往排沙效果不好，且会造成上层清水白白流出。由于导流泄洪洞位于大坝上游1km左右，如果异重流

141

异重流特性表

表6-15

序号	流量 (m³/s)	来流含沙量 (kg/m³)	坝前水位 (m)	到坝址距离 (km)	重力修正系数	异重流速度 (m/s)	异重流水深 (m)	异重流运行时间 (h)	排水量 (万 m³/h)	异重流排沙量 (万 t/h)	异重流排沙比
1	50	1	756.5	19.6	0.0006	0.20	3.66	27.8	18	0.002	0.10
2	100	1	756.5	18.8	0.0006	0.24	5.06	21.6	36	0.004	0.10
3	100	5	756.5	19.7	0.0031	0.42	3.47	12.9	36	0.030	0.17
4	100	20	756.5	20.0	0.0123	0.68	2.48	8.2	36	0.183	0.25
5	100	100	756.5	20.1	0.0586	1.15	1.66	4.9	36	1.477	0.41
6	400	1	756.5	16.2	0.0006	0.36	9.56	12.6	144	0.020	0.14
7	400	5	756.5	17.7	0.0031	0.64	6.62	7.7	144	0.149	0.21
8	400	20	756.5	18.9	0.0123	1.05	4.81	5.0	144	0.845	0.29
9	400	100	756.5	19.8	0.0586	1.79	3.33	3.1	144	6.435	0.45
10	400	5	740.0	12.8	0.0031	0.64	6.62	5.6	144	0.164	0.23
11	400	5	750.0	15.7	0.0031	0.64	6.62	6.8	144	0.154	0.21
12	400	5	759.5	19.1	0.0031	0.64	6.62	8.3	144	0.146	0.20
13	800	1	756.5	15.3	0.0006	0.43	13.07	10.0	288	0.051	0.18
14	800	5	756.5	16.2	0.0031	0.78	9.08	5.8	288	0.356	0.25
15	800	20	756.5	17.7	0.0123	1.28	6.64	3.9	288	1.917	0.33
16	800	100	756.5	19.1	0.0586	2.22	4.63	2.4	288	13.872	0.48
17	1710	5	756.5	15.4	0.0031	0.94	12.82	4.5	288	0.45	0.14
18	1710	100	756.5	17.7	0.0586	2.78	6.56	1.8	288	15.53	0.25
19	3920	5	756.5	12.9	0.0031	1.15	18.66	3.1	288	0.62	0.09
20	3920	100	756.5	16.2	0.0586	3.47	9.57	1.3	288	18.01	0.13

到达导流泄洪洞前，闸门未能及时开启，则异重流会继续运行到坝前，受到大坝阻挡后向上爬高，上升高度约为水深的 1.5 倍，约 5～25m。由于导流泄洪洞前形成的冲刷漏斗范围有限，不可能影响到其下游 1km 的大坝处，也很难直接影响到溢洪道左侧的供水发电洞。

供水发电洞尺寸较小，进口高程较高为 721m，较导流泄洪洞底坎高 18m，虽然供水发电洞在河道同一侧引水，供水发电洞引取中层含沙量较小水流，导流泄洪洞取底层含沙量较大的水体，这一高程布置方案有利于取水防沙。当水库运行 50 年后，供水发电洞前河床淤积高程接近洞底坎高程时，河床底部泥沙和底层含沙量较大泥沙可能进入供水发电洞，如果将供水发电洞和导流泄洪洞布置于溢洪道同侧，则可利用导流泄洪洞形成的冲刷漏斗，避免泥沙进入供水发电洞。

考虑到实际水库运行时，导流泄洪洞启闭的影响以及河道库区地形弯曲、障碍物的综合影响，实际异重流排沙量会小于计算排沙量。

6. 排沙洞前冲刷漏斗计算

1）定解条件

张峰水库排沙洞是一个高 9m，宽 8m 的导流泄洪洞，水库运行后，坝前水深达 60m 左右，水面宽度为 400m 左右，排沙洞尺寸远小于坝前水库断面。即使排沙洞进口流速很大时，远离排沙洞的区域流速却依然很小，并且通过分析以往水库冲刷漏斗实测资料可知，排沙洞前冲刷漏斗的长度、宽度有限。因此计算排沙洞附近流场时，无需选取太大的范围。以排沙洞为中点，沿宽度方向取 220m 宽，排沙洞纵轴线方向沿坝前取 250m 长。计算网格为 87×37×24（长×宽×高），网格划分见图 6-43a。图 6-43b 为排沙洞孔口附近 x 向 $i=10$ 处的初始计算网格，图 6-43c 为 y 向 $j=19$ 位于排沙洞中轴线处的初始计算网格，图 6-43d 为 z 向 $k=3$ 位于床面附近的初始计算网格。

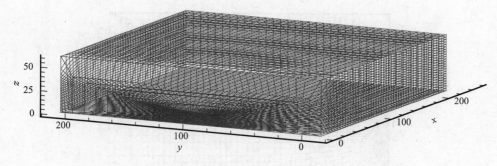

图 6-43a　排沙洞前流场模拟三维计算网格（$i×j×k=87×37×24$）

计算初始地形采用 2002 年 6 月实测水下地形，最终地形为水库淤积地形。计算的水沙条件由一维计算提供。

2）流场和断面流速分布

选取 x、y、z 三个方向的特征断面来比较水库运行前后排沙洞前三维流场的变化情况，图中黑色方框标示出了排沙洞口的位置。

图 6-44 给出了水库运行前后排沙洞中轴线（y 方向第 19 层）断面流场分布图。对比

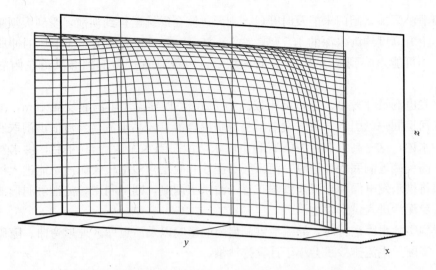

图 6-43b　排沙洞孔口附近 x 方向初始计算网格（$i=10$）

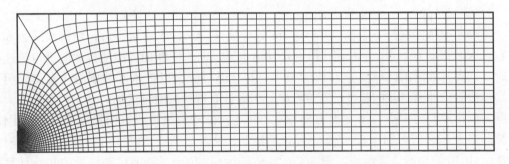

图 6-43c　排沙洞中轴线初始计算网格（$j=19$）

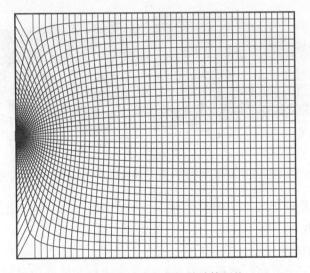

图 6-43d　排沙洞前水库底部初始计算网格（$k=3$）

图 6-44b 和图 6-44d，排沙洞孔口流速分布形态在冲刷漏斗形成前后发生较大变形，漏斗形成之前的流速分布要比漏斗形成之后的均匀。但在排沙洞前相当范围内，x 方向相同断面的流速分布形态在冲刷漏斗形成前后基本保持不变，漏斗形成后，仅在库底局部区域由于床面抬高，流速分布有所挤压。图 6-44b 和图 6-44d 均可看出，越接近排沙洞孔口，流速越大，计算结果符合一般规律。从图 6-44d 中还可以看出排沙洞前冲刷漏斗纵坡长度以及坡度的大小，沿 x 方向纵坡长度约为 40m，坡角在 14.5°～16.5°之间。

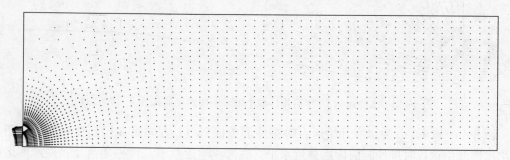

图 6-44a 水库开始运行时排沙洞中轴线断面流场示意图（$j=19$）

图 6-44b 水库开始运行时排沙洞中轴线断面流场局部放大（$j=19$）

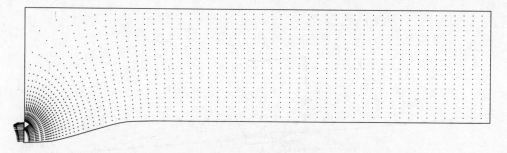

图 6-44c 水库运行 20 年后排沙洞中轴线断面流场示意图（$j=19$）

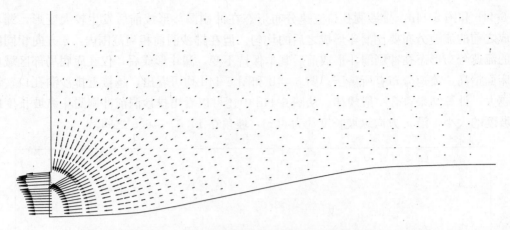

图 6-44d　水库运行 20 年后排沙洞中轴线断面流场局部放大（$j=19$）

图 6-45a 和 6-45b 为水库开始运行时排沙洞前底部（z 方向第 3 层）流场图。该图反映出水库开始运行时排沙洞前床面接近水平，底部流动近似于二维平面流动。而水库运行后，床面形态发生较大变形，图 6-45c 和 6-45d 的排沙洞前底部流场图就反映了这种变化，从该图漏斗型的流速分布中可以看出，排沙洞前床面已发生淤积，并且在排沙洞前形成了冲刷漏斗，而排沙洞没有发生淤堵现象，其运行情况良好。

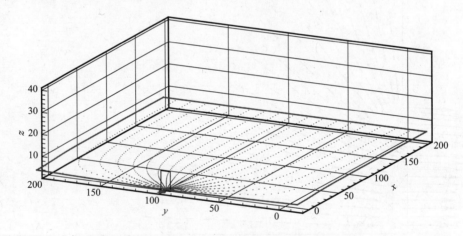

图 6-45a　水库开始运行时排沙洞前底部流场示意图（$k=2$）

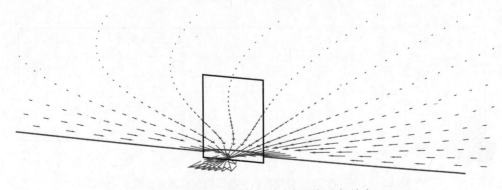

图 6-45b　水库开始运行时排沙洞前底部局部流场放大（$k=2$）

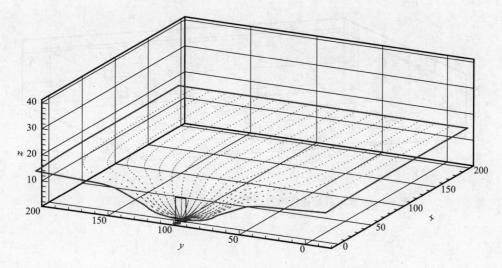

图 6-45c　水库运行 20 年后排沙洞前底部流场示意图（$k=2$）

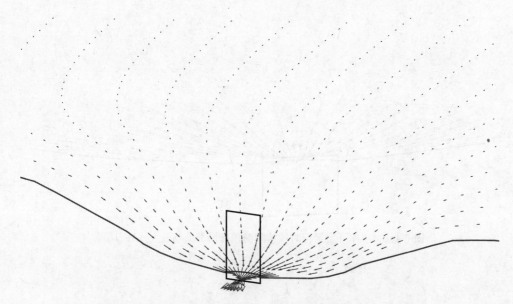

图 6-45d　水库运行 20 年后排沙洞前底部流场局部放大（$k=2$）

　　图 6-46a 和图 6-46c 给出了水库运行前后接近排沙洞洞口顶部（z 方向第 18 层）的流场分布，图 6-46b 和图 6-46d 为相应流速图的局部放大。对比运行前后的流场，没有明显区别，说明由于床面发生淤积，对接近床面的流场分布形态和流速大小有较显著的影响。而对于远离床面的流场流态的影响就要小得多。

　　图 6-47 是水库运行前后排沙洞前 30m 处（x 方向第 34 层）的流场示意图。从该图中可以较为清晰地看出，水流往排沙洞口集中，两侧流速小，中间流速大。对比图 6-47a 和图 6-47b，可以看出，水库运行后，床面明显淤高，图 6-47b 中所取断面位于排沙洞两侧的河床高程略高于排沙洞洞顶高程，而沿排沙洞中轴线附近的河床由于轴线上流速较为集中，其床面高程要比两侧的河床低一些。同时该图还反映了冲刷漏斗的横坡变化比较缓慢。

147

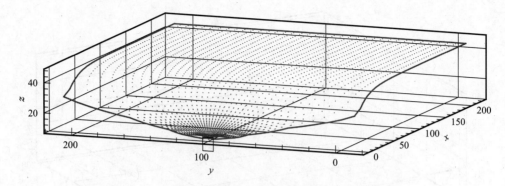

图 6-46a　水库开始运行时排沙洞前顶部流场示意图（$k=18$）

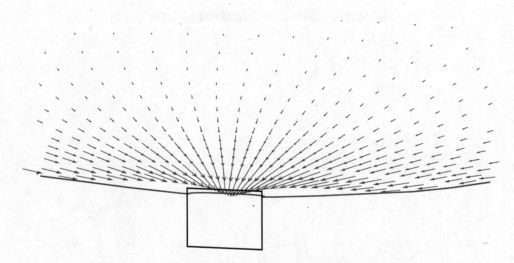

图 6-46b　水库开始运行时排沙洞前顶部局部流场放大（$k=18$）

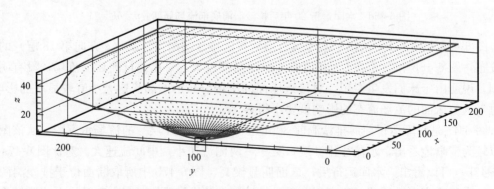

图 6-46c　水库运行 20 年后排沙洞前顶部流场示意图（$k=18$）

148

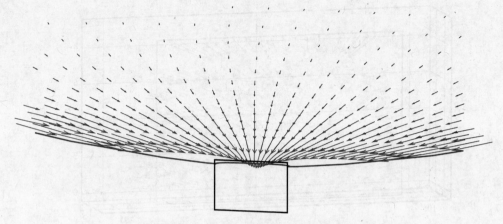

图 6-46d　水库运行 20 年后排沙洞前顶部流场局部放大（$k=18$）

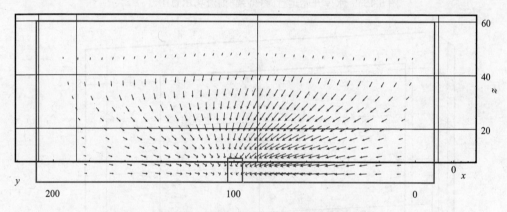

图 6-47a　水库开始运行时排沙洞前 30m 处流场示意图（$i=34$）

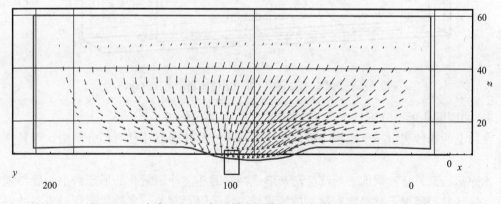

图 6-47b　水库运行 20 年后排沙洞前 30m 处流场示意图（$i=34$）

　　图 6-48a 和图 6-48b 为排沙洞洞口附近（x 方向第 8 层）水库运行前后的三维流场图，对比两图，水库运行前后流场的相同之处在于：水流由排沙洞附近向洞口集中，流速在 y 轴方向上几乎成对称分布，三维断面流速分布形态整体变化不大；从水深方向来看，越远离底部的流场区域，流速越大。但图 6-48a 中底层流速分布位置略低于图 6-48b 中底层流速分布位置，说明水库运行后，排沙洞前河床开始淤积，床面有所抬高。

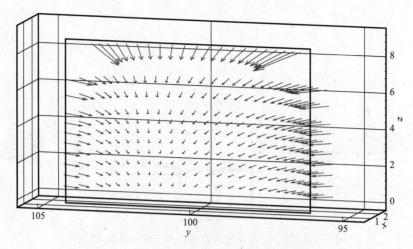

图 6-48a　水库开始运行时排沙洞前流场示意图（$i=8$）

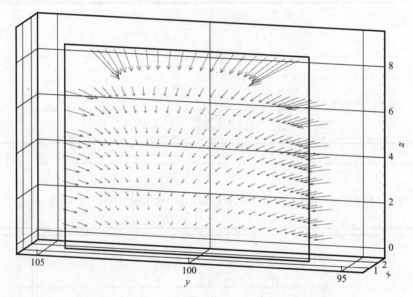

图 6-48b　水库运行 20 年后排沙洞前流场示意图（$i=8$）

　　3）冲刷漏斗形态分析

　　在以上的排沙洞口三维流场分析过程中，对排沙洞冲刷漏斗已有部分阐明，现具体分析如下。

　　水库运行后，排沙洞前一般都会渐渐形成冲刷漏斗。冲刷漏斗的形态大小一般与坝前水深、床沙粒径级配及其松散程度、排沙洞泄流量等因素有关。多数实测资料表明冲刷漏斗的纵向平衡长度一般在数百米左右，平衡漏斗的纵坡坡度一般随坝前水深的减小而变缓，并且其纵坡坡度接近于床沙的水下休止角，而排沙洞泄流量的大小直接关系到排沙洞孔口邻域一定范围以外漏斗区水深的大小，同时关系到排沙洞孔口是否会淤积堵塞的问题，冲刷漏斗的横坡坡度一般与其纵坡坡度相当。

　　图 6-49 给出了张峰水库运行 20 年后排沙洞前冲刷漏斗的三维地形图，从图中可以看出，漏斗形态已初具规模，漏斗的纵坡及横坡较为明显。图 6-50 和图 6-51 给出了张峰水

库运行 20 年后排沙洞前河床纵向与横向的淤积形态。从图 6-50 可以看出，漏斗坡角并未紧贴排沙洞口，在孔口附近由于水流作用，留有一定的空间。纵坡起始坡角相距排沙洞口 9m 左右，纵向长度约 40m，河床淤积厚度约为 10m，相对坝前 60m 的水深而言，河床仍有较大的淤积空间，冲刷漏斗尚未达到淤积平衡状态，仍有进一步淤长淤高的发展空间。漏斗纵坡坡度在 14.5°～16.5°之间，床沙粒径范围 0.02～0.007mm，相应的水下休止角为 14.2°～17.6°，纵坡坡度与床沙水下休止角相近。从图 6-50 中可以看出，冲刷漏斗横坡坡度在 15°～17°之间，略大于纵坡坡度，但其范围仍在床沙水下休止角以内。图 6-51 表明，不同断面的横坡坡度基本一致，且在排沙洞两侧成对称分布。排沙洞孔口最大下泄流量为 800m³/s，孔口尺寸宽×高＝8m×9m，坝前水深 H＝60m，根据西北农学院水利系所得出

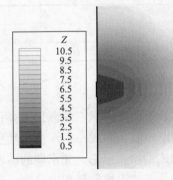

图 6-49　水库运行 20 年后排沙洞附近地形

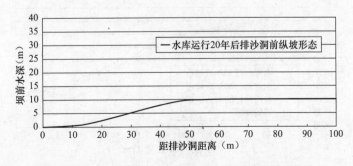

图 6-50　张峰水库运行 20 年后排沙洞前河床纵坡形态

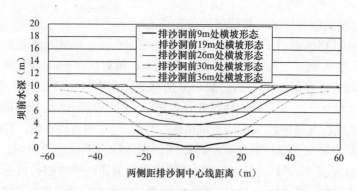

图 6-51　张峰水库运行 20 年后排沙洞前河床横坡形态

的纵坡 J_z 与 Qu/H 以及横坡 J_h 与 Qu/H 的关系曲线，可插值出此流量下纵坡坡度为 15.1°，横坡坡度为 15.7°，与本书中的计算结果相吻合。同时，大量实测资料表明，只要坝前为壅水运行，即使下泄流量与水位不断变化，冲刷漏斗纵横坡角均接近其水下休止角并保持相对稳定。

表 6-16 为冲刷漏斗特征表，当水库运行 20、30、50 年时，漏斗长度变化为 48～75m，宽度变化为 79～129m，体积分别为 0.95，1.82，3.6 万 m³。由此可见，冲刷漏斗只能排走坝前局部范围内的泥沙，且总量有限，不像异重流排沙是连续的，随着异重流持续时间增长，排沙量也增大。

冲刷漏斗特征表　　　　　　　　　　　　　　　　　　表 6-16

淤积年限	高度（m）	长度（m）	宽度（m）	体积（万 m³）
20 年	10	48	79	0.95
30 年	13	59	101	1.82
50 年	17	75	129	3.60

7. 非汛期冲淤分析计算

在非汛期由于供水坝前水位逐渐降低，当水位低于水库淤积三角洲顶面高程时，在三角洲顶会形成类似溯源冲刷。三角洲顶面泥沙会逐渐冲刷，形成一个深槽，然后淤积在三角洲前坡段附近，图 6-52 为坝前水位为 745m 时水库的淤积形态。非汛期的冲淤只是淤积物在库区内三角洲附近的局部调整。由于流量很小，泥沙很难带到坝前排出，到第二年汛

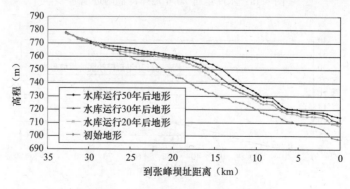

图 6-52　张峰水库干流淤积地形图

期时，坝前水位较高时（756.5m），三角洲顶面又会淤高到达平衡。总的来说，由于非汛期沙量仅占全年的10%，对水库的冲淤影响较小，水库冲淤变化主要发生在汛期。

根据张峰水库可行性研究报告，非汛期实测最大洪峰流量为367m³/s，非汛期是有可能发生异重流的，但出现概率较小，由于非汛期洪水输沙量较小，异重流淤积量和排沙量均不大。例如，根据10个典型年的水沙过程资料分析，在10年中仅1967年和1975年非汛期10月份各出现一次较小洪水，洪峰最大流量分别为110m³/s和150m³/s，平均流量仅为50m³/s左右，来沙量分别为4.4万t和7.6万t（图6-53、图6-54）。非汛期异重流运动速度为0.2~0.3m/s，异重流水深为3~6m，异重流运行到坝前的时间为25h左右，异重流排沙比为10%左右，如果不开闸排沙异重流会爬高5~10m。

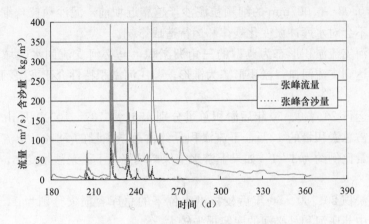

图 6-53　张峰坝址 1967 年水沙过程线

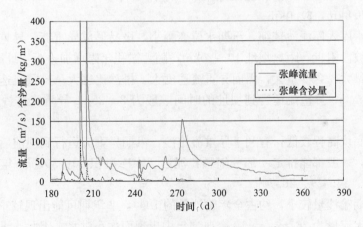

图 6-54　张峰坝址 1975 年水沙过程线

目前的分析计算都是建立在已知的实测水沙过程基础上，当水库建成运行时，应加强入库水沙过程和出库水沙过程的实际观测和预报，积累调度经验，同时兼顾蓄水和排沙。如果在汛前非汛期发生洪水，则可以打开排沙洞弃水排沙，如果在汛后非汛期发生洪水，在当年来水量较小、库水位较低时，可以考虑蓄水不排沙，因为沙量不大。在当年来水量较大、库水位较高时，可以考虑弃水排沙。根据计算分析，在洪水前期，含沙量较大，排沙效果较好，当洪峰过后，可以考虑蓄水拦沙。

五、结论

1. 研究结论

(1) 张峰水库淤积形态为典型的三角洲淤积,随着淤积年限增加,洲头逐渐下移,洲尾逐渐上移,形成翘尾巴现象。50 年后洲头下移约 7.6km,洲尾上移约 8.5km。三角洲顶坡段到前坡段泥沙颗粒逐渐变细,淤积物为推移质泥沙和悬移质中粒径为 1.0～0.02mm 的粗颗粒泥沙。

(2) 随着淤积年限增加,坝前段逐渐淤厚、缩短,50 年后平均淤积厚度为 17m 左右,坝前淤积物为 0.03～0.007mm 的细颗粒泥沙,越靠近坝前,泥沙颗粒越细。水库淤积物干密度变化,不会对水库冲淤变化规律和运行造成影响。

(3) 龙渠河支流淤积形态为典型的三角洲淤积,马必河支流回水区域较短,坡降较大,淤积很快达到支流河口,淤积形态为锥形,苏庄河淤积特性介于龙渠河和马必河两者之间。

(4) 水库运行 20、30、50 年后淤积总量分别 4567、6737、10500 万 m³,其中,三个支流淤积量约占总淤积量的 12%,干流淤积量约占总淤积量的 78%,干流中三角洲淤积量和坝前淤积量比例约为 3∶1。如果上游水土保持较好,上游来沙量变小,库区淤积情况会有所减缓。

(5) 水库淤积 20、30、50 年后校核洪水位下的总库容损失分别为 11.5%、16.9%、26.4%,支流中苏庄河和马必河的库容损失较大。

(6) 淤积后库尾上移回水长度逐渐增加,水库运行 20、30、50 年后,回水长度分别为 27.6km,29.8km,31.0km。

(7) 张峰水库入库泥沙较细,汛期水位变幅小,极易形成异重流。异重流潜入点位于淤积三角洲前坡段附近,距离坝址 10～20km,随着淤积年限增加,距坝址距离逐渐缩短。汛期异重流流量大、含沙量大,因而异重流速度大、排沙比也大。异重流速度变化范围一般为 0.2～2.0m/s,异重流运行到坝址的时间一般为 2～25h,异重流排沙比变化范围为 10%～40%。

(8) 排沙底坎高程较低,有利于异重流排沙,汛期异重流运行到坝前后,只要及时开启泄洪排沙洞,一般都能排走一部分细颗粒泥沙。水库淤积 20、30、50 年的平均排沙比分别为 13.5%、14.4%、20.7%。

(9) 非汛期输沙量较小,约占全年输沙量的 10%,非汛期可能出现较小的洪水,历史实测非汛期最大流量为 267m³/s,10 个典型年中出现两次小洪水。因此非汛期可以形成异重流,但出现概率较小,洪峰流量、输沙量不大,异重流排沙比较低,对水库冲淤影响较小,可以根据具体情况决定是否需要开闸弃水排沙。如果不及时开启排沙洞闸门,异重流爬高约为异重流水深的 1.5 倍,汛期爬高一般为 5～15m,非汛期爬高一般为 5～10m。

(10) 坝前冲刷漏斗影响范围不大,漏斗纵坡坡度在 14.5°～16.5°之间,泥沙颗粒粒径范围在 0.02～0.007mm,漏斗形态比较稳定,如果汛期经常开启底孔排沙,不会造成淤积物孔口堵塞现象。

2. 本项目研究的技术特点及创新点

1）技术特点

（1）泥沙颗粒在水流中除了受自身重力作用发生沉降外，还有水流的紊动作用。水流的紊动及泥沙的沉降都具有随机特性，因此采用随机流动理论统计方法考虑库区水沙运动、泥沙淤积能够真正符合泥沙沉降的实际物理运动规律。

（2）天然河道水流一般是三维紊流形态，特别是坝前排沙洞进水口附近水流三维性更强，目前国内外多采用局部物理模型进行研究。我们采用了经济有效的三维数学模型模拟其水流运动，进而再通过泥沙运动理论，求出坝前冲淤形态。对几何形态比较复杂的冲刷漏斗及河床地形，采用空间曲线贴体坐标变换技术，进行空间区域变换，将复杂的不规则边界构成的几何区域转换成规则的计算区域，这样可以很好地适应计算区域不规则的库区边界，大大提高计算精度。

（3）对于多沙河流上的河槽型水库，一般入库泥沙较细，高水位运用时，极易形成异重流。采用数学模型对不同洪水及不同调度运用方式下异重流的形成、发展、泥沙淤积以及异重流排沙量进行分析计算，可以为水库优化设计调度方案及建筑物布置最佳方案提供依据。由于国外多沙河流较少，因此国外对水库泥沙淤积、特别是异重流淤积、排沙特性研究较少，目前国内研究成果处于国际领先行列。

2）创新点

（1）首次采用随机游动理论分析库区泥沙运动规律、泥沙沉降特性，为库区泥沙淤积提供理论依据。

（2）由于坝冲刷漏斗三维性很强，本项研究采用局部三维水沙模型计算坝前冲刷漏斗，分析漏斗的形状和尺寸，避免局部二维数学模型的不足，为优选建筑物布置最佳方案提供设计依据。

（3）采用一维非恒定非饱和输沙模型分析计算库区水沙运动和异重流排沙特性，为枢纽建筑物的优化设计、水库调度运动提供依据。

3）推广应用前景分析

在北方多沙河流上兴建水库，遇到的最大问题就是水库泥沙淤积问题，因此本项目研究的水库泥沙淤积特性、库区水沙运动规律，不仅具有理论意义，而且具有经济和社会效益。本项研究成果已应用于张峰水库库区泥沙淤积计算，可以广泛应用于多沙河流水库枢纽工程的优化水库调度，提高排沙效率，减少水库泥沙淤积，延长水库使用寿命，提高水库枢纽工程的发电、供水、防洪等综合效益。

4）存在问题及改进意见

（1）张峰水库坝址河段实测水沙资料较少，建议加强原型资料观测，为进一步分析研究提供更多、更可靠的第一手资料。

（2）异重流是北方多沙河道型水库常见的一种流动，由于流动特别复杂，目前国内外泥沙异重流的研究仍处在初级阶段，针对水库泥沙异重流运动机理尚须进一步研究。

（3）坝前冲刷漏斗三维性较强、影响因素较多，漏斗形状变化过程需要根据实际来水来沙条件变化和实际水库调度运用情况进一步分析研究。